ARCHIVES

MALACOLOGIQUES

PAR

M. Jules MABILLE.

Paris
CHEZ F. SAVY, LIBRAIRE-ÉDITEUR
RUE HAUTEFEUILLE 24.

1867.

PREMIER FASCICULE.

PARIS. — 1er FÉVRIER. — 1867.

I.

Le genre Geomalacus, en France.

Le genre Geomalacus a été établi, en 1846, par Allman (1) pour un charmant Limacien d'Irlande.

Ce genre peut être ainsi caractérisé :

Animal allongé, subcylindriforme, à peau lisse ou recouvert de tubercules arrondis ou allongés, plus ou moins prononcés, et orné, en outre, d'une infinité de petites taches noires, jaunes, dorées, blanches ou argentées, etc., suivant les espèces. Bouclier très-antérieur, ovale ou ar-

(1) In Ann. and Mag. nat. Hist., vol. XVII.

rondi, lisse ou tuberculeux, comme le reste du corps, pourvu d'un orifice pulmonaire très-antérieur, placé à droite, et recouvrant une limacelle délicate, excessivement plate, plus ou moins ovalaire. Tête portant quatre tentacules. Les deux supérieurs, généralement gros et peu allongés, sont oculés à leur extrémité; les deux inférieurs sont peu développés. Orifice de la génération placé entre le bouclier et la base du petit tentacule dextre. Glande mucipare très-prononcée. Mâchoire denticulée, sans rostre médian.

Ce genre, que les auteurs anglais prétendent spécial à l'Irlande, se distingue :

1° Des Arion, — par son bouclier recouvrant une petite limacelle ; par l'orifice de la génération placé entre le bouclier et la base du petit tentacule droit (1) ; par un corps lisse ou plus ou moins tuberculeux et toujours moucheté par une infinité de petits points dorés, noirs, blancs, jaunes, etc., ce qui ne se voit jamais chez les Arion.

2° Des Letourneuxia (2), — par sa limacelle excessivement plane, et non forte et très-bombée ; par son plan locomoteur jamais recouvert par la partie dorsale ; par la présence d'une glande mucipare ; enfin par les mouchetures de son corps et par la composition de son tissu épidermique qui est toute différente.

3° Des Limax, Krynickillus et Milax, — par son bouclier pourvu d'un orifice pulmonaire très-antérieur ; par la présence d'une glande muciparé, par sa mâchoire sans rostre médian ; par sa limacelle mince comme une pellicule, sans nucléus et sans lignes concentriques ; par son tissu épidermique tout différent et par ses innombrables mouchetures.

(1) Chez les Arion, l'orifice de la génération se trouve situé immédiatement au-dessous de l'orifice pulmonaire.

(2) Nouveau genre établi par M. Bourguignat (Moll. nouv. litig. ou peu connus, 7e déc., fév. 1866) pour un Limacien d'Algérie.

Ce genre Geomalacus appartient à la famille des Arionidæ. Il doit être placé dans la méthode entre les Arion et les Letourneuxia.

D'après M. Bourguignat, qui a bien voulu vérifier nos espèces, ce genre ne provient pas du centre alpique, mais du centre hispanique. Suivant ce malacologiste, les Geomalacus ont pour patrie l'Espagne, d'où ils se sont acclimatés en France et jusqu'aux îles Britanniques, d'après les lois naturelles de la répartition, qui régissent la distribution des êtres en Europe.

Parmi les auteurs anglais qui ont eu l'occasion de parler des Geomalacus, quelques-uns, comme Forbes, Hanley ou Jeffreys, ont signalé chez ce genre une carène dorsale; ce qui est faux : nos espèces françaises n'en possèdent point. Allman, le créateur du genre, ne cite point de carène; enfin Lovell Reeve, dans ses *Mollusks of British isles*, proteste également contre ce signe caractéristique énoncé par MM. Forbes, Hanley et Jeffreys.

C'est M. William Andrews, de Dublin, qui a trouvé le premier, en 1842, dans le comté de Kerry, en Irlande, le *Geomalacus maculosus*, pour lequel Allman a établi le genre en 1846.

Bien que les auteurs anglais et les autres conchyliologues européens s'imaginent que cette forme générique est spéciale à l'Irlande et qu'elle n'existe dans aucun autre pays, il n'en est rien.

A la même époque où William Andrews trouvait le *maculosus* en Irlande, M. Arthur Morelet, de Dijon, en rencontrait un autre en Portugal et le décrivait, en 1845, sous l'appellation erronée de *Limax anguiformis*.

La position très-antérieure de l'orifice pulmonaire de l'anguiformis avait frappé l'auteur dijonnais à ce point qu'il a même composé tout exprès une phrase bien sentie pour démontrer le peu de valeur des caractères des genres Limax et Arion. Dans ce travail de bien petite érudition scientifique, comme dans tous ceux que cet auteur a publiés, il existe sur les Limaciens des erreurs sans nombre. Ainsi, pour ne citer que son ouvrage du Portugal, il se trouve dans ce travail, sous le nom de *Limax*, des Geomalacus, des Krynickillus, des Milax, etc., sans compter des espèces dont les rapprochements et les déterminations sont des plus extraordinaires.

Normand, de son côté, a décrit, en 1852, sous le nom d'*Arion intermedius*, un charmant Geomalacus des environs de Valenciennes.

Enfin, cet hiver, dans nos courses aux alentours de Paris, là où les autres années nous n'avions rien trouvé, parce que nous n'y allions qu'en été, et qu'en définitive les Geomalacus sont des animaux d'hiver qui se cachent au printemps, nous avons été assez heureux pour recueillir plusieurs espèces des plus intéressantes, à l'occasion desquelles nous avons entrepris ce travail monographique.

Voici, d'après nos connaissances, les espèces de ce genre.

GEOMALACUS MACULOSUS.

Geomalacus maculosus, *Allman*, in Ann. and Mag. Hist., vol. XVII, p. 297, pl. IX, f. 1-3. 1846.

— maculosus, *Forbes* et *Hanley*, Hist. Brit. Moll., vol. IV, p. 12, pl. FFF, fig. 5. 1853.

— maculosus, *Jeffreys*, British Conchol., t. I, p. 129, pl. V, fig. 3. 1862.

— maculosus, *L. Reeve*, Land and Freshw. Moll. Brit. isles, p. 13. 1863.

Animal caractérisé par un corps cylindriforme, un peu atténué à sa partie postérieure, d'une teinte noire ou noirâtre et offrant de tous côtés des quantités de petits points jaunes ou blancs (1). Tubercules dorsaux allongés. Bouclier ovale, granuleux, de même teinte que le reste du corps et recouvrant une limacelle petite, plane et subovale. Tentacules supérieurs allongés. Plan locomoteur brun, sillonné par des lignes transverses plus foncées. Dessous du pied jaunâtre.

Espèce très-abondante dans le comté de Kerry, en Irlande, sous les mousses, les détritus, au pied des rochers humides de Oulough (partie méridionale de la baie de Castlemain), sur le lac Carogh.

GEOMALACUS ANDREWSI.

Cette nouvelle espèce, que nous dédions à M. William Andrews de Dublin, et que tous les auteurs anglais ont confondue avec le *maculosus*, se distingue de cette espèce par un corps blanchâtre, parsemé d'une multitude de petits points noirâtres. C'est l'inverse chez l'espèce précédente.

Ce Geomalacus habite également en Irlande, au pied des rochers humides, dans la petite vallée de Limnavar.

(1) Presque toutes les figures anglaises qui représentent cette espèce sont déplorables. Au lieu de parsemer le corps de ce Limacien d'une multitude de points blancs, les artistes anglais ont réuni ces points sur les tubercules et, pour plus de facilité, ont confondu ces points en une seule tache par tubercule. Ce qui fait que ce Geomalacus semble un animal à fond noir avec des protubérances blanches allongées ; ce qui est complétement faux.

GEOMALACUS ANGUIFORMIS.

Limax anguiformis, *Morelet*, Moll. Portugal, p. 36, pl. III, fig. 1. 1845.

Animal cylindracé, légèrement atténué à sa partie postérieure, d'une teinte fauve marron, légèrement roussâtre aux extrémités et d'un ton verdâtre vers les bords du plan locomoteur. Partie dorsale plus foncée. Une bande noirâtre de chaque côté. Tissu épidermique sillonné de rides fines, superficielles et réticulaires. Bouclier de même couleur que le reste du corps, elliptique et finement pointillé. Plan locomoteur étroit et nettement détaché. Tête et tentacules violacés. Pied d'une nuance livide. Longueur, 60 millimètres.

Habite la sierra de Monchique, en Algarve (Portugal).

GEOMALACUS INTERMEDIUS.

Arion intermedius, *Normand*, Descript. de six Lim. nouv. obs. aux environs de Valenciennes, p. 6. 1852.

Animal gris-jaunâtre pâle. Extrémités, surtout la postérieure, d'un beau jaune d'or. Côtés blanchâtres, marqués antérieurement de quelques petits points noirs, un peu espacés, rangés en ligne près du bord du pied. Tête, cou et tentacules gris foncé ou noirâtres. Plan locomoteur d'un brun jaune d'or pâle, à l'exception de la partie médiane. Bouclier légèrement granuleux. Mucus jaune. Limacelle blanche, opaque et rugueuse. Longueur de l'animal, 15 à 20 millimètres (Normand).

Cette belle espèce habite sous les feuilles tombées, dans

les bois, les prés humides, aux alentours de Valenciennes (Nord).

M. Normand a eu mille fois raison de mettre des points de doute aux Limaciens qu'il indique, en synonymie de cette espèce. Nous ne croyons pas que les *Limax flavus* de Müller, *Limax aureus* de Gmelin et *Arion flavus* de Férussac puissent se rapporter à ce Geomalacus.

GEOMALACUS BOURGUIGNATI.

Anim. : corpore mediocri, cylindrico, postice rotundato, vix attenuato (contracto, sicut gibboso); — griseo vel lutescente aut rarius subrosaceo-violaceo, ad latera zonulis magis saturatis ornato, ac omnino tuberculoso (tubercula fere rotundata, nigrescentia ac prominentia), tandem innumeris maculis minutissimis aut magis saturatis aut pallidioribus undique asperso ; — pede griseo aut luteolo. Capite nigrescente. — Clypeo valde antico, ovato, antice posticeque rotundato, granuloso ac limacellam parvulam, tenuissimam, protegente.

Animal peu développé, trapu, cylindrique, peu atténué à son extrémité postérieure, se terminant même en dos d'âne, lorsqu'il est contracté. Tissu épidermique grisâtre, jaunâtre ou quelquefois d'un violet légèrement rosacé, un peu plus nuancé sur la partie dorsale, et offrant de chaque côté une bande d'une teinte plus foncée. Corps entièrement recouvert de petits tubercules saillants, noirâtres, presque arrondis; enfin, présentant, en outre, de tous côtés une infinité de petites taches, irrégulièrement éparses, plus foncées (lorsque l'épiderme est jaunacé ou rosacé), ou moins nuancées (lorsqu'il est grisâtre). Pied grisâtre ou jaunacé. Mucus épais, jaune. Tête noirâtre. Tentacules supérieurs gros et courts. Tentacules inférieurs excessivement exigus. Mâchoire cornée, légèrement denticulée, sans rostre médian. Bouclier très-antérieur, ovale, arrondi en avant et en arrière, de même teinte et tuberculeux comme le reste du corps, et recouvrant une petite limacelle ovale, mince et transparente comme une pelure d'oignon.

Long. de l'animal. . . . . . 15 à 18 millim.
Long. de l'anim. cont. . . . 5 à 6 —

Cette magnifique et curieuse espèce, que nous dédions à M. Bourguignat, l'auteur de si nombreux travaux sur la faune malacologique de l'Europe, habite sous les bois morts dans la forêt de Meudon, près de Paris.

Ce Geomalacus, comme tous ses congénères, est un animal lent, timide, nocturne, et ne se rencontre qu'en hiver. Il disparaît au printemps.

Nous avons été assez heureux pour assister à la ponte de ce Limacien. Ses œufs d'une nuance cristalline un peu bleuâtre, allongés-arrondis, obtus aux deux extrémités, au nombre de sept à huit, sont énormes proportionnellement au corps de l'animal.

Lorsque ce Geomalacus a séjourné une heure ou deux dans l'alcool, il perd toutes ses petites maculatures. Son épiderme devient moins tuberculeux. Les éminences tuberculeuses s'émoussent, s'allongent un peu et se circonscrivent. Dans cet état, il ressemble assez à un jeune Arion.

Nous ne sommes pas éloigné de croire que les Geomalacus sont recouverts d'un mucus épidermique tout spécial. Au contact de l'alcool, ces animaux transsudent de tous côtés, pour se garantir, ce mucus auquel ils doivent leur lustre, leur brillant et une partie de leur coloration. Cela est si vrai que, lorsqu'on examine à la loupe cette partie exsudée, l'on aperçoit les innombrables petites taches, toutes sorties de l'épiderme, formant dans ce mucus les mêmes dessins, les mêmes maculatures qu'elles formaient naguère sur le corps de l'animal.

Le mucus, dont s'enveloppent les Arions, les Limax, etc., est tout différent de celui que nous venons de signaler chez les Geomalacus.

GEOMALACUS PALADILHIANUS.

Anim. : corpore elongato, cylindrico, postice non attenuato; — plus minusve nigrescente, ad latera zonulis magis saturatis ornato, ac omnino tuberculoso (tubercula elongata, saturata, parum prominentia), tandem innumeris maculis minutissimis luteo-aureis, irregulariter sparsis, undique (præsertim ad latera) adsperso; — pede luteo; capite nigrescente; — clypeo valde antico, oblongo, antice posticeque rotundato, tuberculoso (tubercula minus elongata), ac limacellam oblongam, tenuissimam, protegente.

Animal allongé, cylindrique, non atténué à sa partie postérieure. Tissu épidermique plus ou moins noirâtre, quelquefois d'un beau noir, offrant de chaque côté une zone plus foncée. Corps entièrement recouvert de tubercules allongés, d'une nuance plus accentuée, peu proéminents, placés les uns contre les autres en lignes presque parallèles, et, présentant, en outre, une infinité de petits points d'un beau jaune doré, irrégulièrement espacés, mais ordinairement plus nombreux de chaque côté de la partie dorsale. Pied jaunâtre. Mucus épais, d'un jaune doré. Tête noirâtre. Tentacules supérieurs assez allongés. Tentacules inférieurs exigus. Mâchoire cornée, denticulée à sa partie interne, sans rostre médian. Bouclier allongé, de même nuance que le reste du corps, orné de tubercules irréguliers, peu allongés, en lignes non symétriques et recouvrant une limacelle oblongue, tellement mince et délicate, qu'il est très-difficile de l'apercevoir.

Long. de l'animal. . . . . . 30 à 35 millim.
Long. de l'anim. cont. . . . 15 à 20 —

Cette espèce, que nous nous faisons un plaisir de dédier à M. le Dr Paladilhe de Montpellier, savant conchyliologue de la nouvelle école malacologique de France, habite avec la précédente sous les bois pourris dans la forêt de Meudon, près Paris.

Ce Geomalacus, comme le *Bourguignati*, est un animal nocturne, timide, hibernal; seulement il paraît un peu plus vif dans ses mouvements.

Lorsqu'il a séjourné pendant quelque temps dans l'alcool, il blanchit un peu vers le plan locomoteur et de chaque côté de la partie médiane du dos. Comme le *Bourguignati*, il perd toutes ses jolies petites taches d'un jaune doré; et ses tubercules s'amoindrissent et se modifient à ce point, que l'animal ressemble assez bien à certaines variétés de l'Arion hortensis.

GEOMALACUS MOITESSIERIANUS.

Anim. : corpore elongato, cylindrico, postice vix attenuato; — griseo-lutescente, plus minusve passim saturato, ad latera subzonulis obscure ornato; — nitente, lævigato, aut (sub valido lente) obscure subtuberculoso, ac irregulariter maculis pallidioribus aut plus minusve luteolis undique adsperso ; — pede sordide lutescente ; capite atro-violaceo; — clypeo oblongo, antice posticeque rotundato, lævigato, limacellam oblongam, tenuissimam, protegente.

Animal allongé, cylindrique, légèrement atténué à sa partie postérieure. Tissu épidermique d'un gris jaunacé, d'une nuance plus ou moins foncée par place, avec une partie dorsale quelquefois d'un ton assez accentué et présentant sur les côtés un sentiment de bande. Corps luisant, gélatineux, lisse ou paraissant posséder (vu au foyer d'une forte loupe) des rudiments de tubercules larges, effacés, mal circonscrits; enfin présentant des multitudes de mouchetures irrégulières, moins foncées, ou plus ou moins jaunacées, suivant les nuances du tissu épidermique. Pied d'un jaune sale. Mucus jaune. Tête d'un noir violacé. Tentacules supérieurs assez allongés. Tentacules inférieurs très-courts. Mâchoire jaunâtre, cornée, denticulée, sans rostre médian. Bouclier oblong, arrondi en avant et en arrière, de même couleur que le reste du corps, lisse, gélatineux et recouvrant une limacelle oblongue, mince comme une pellicule.

Long. de l'animal.	25 à 30 millim.
Long. de l'anim. cont. . . .	12 —

Habite, avec les précédents, sous les bois pourris dans la forêt de Meudon, près de Paris.

Dans l'alcool, ce Limacien perd également ses taches, et son corps prend une apparence terne d'un gris jaunacé plus ou moins foncé.

Ces trois Geomalacus, dont nous venons de donner les descriptions, ne peuvent être confondus ensemble. Un seul caractère suffira pour les distinguer les uns des autres. Le *Bourguignati* possède des tubercules saillants, arrondis ; le *Paladilhianus*, des tubercules allongés, symétriques, peu proéminents ; enfin le *Moitessierianus* n'en a point.

La présence du genre Geomalacus en France est une preuve de plus qui vient confirmer les savantes théories de M. Bourguignat sur la répartition des Mollusques en Europe.

D'après ce conchyliologue, il existe dans le système européen, sans compter quelques petits centres, trois grands centres de création : les centres hispanique, alpique et taurique.

Ces centres se trouvent tous situés dans une grande zone comprise entre les 35e et 46e degrés de latitude nord, qui coïncide avec des chaînes de montagnes qui des rives espagnoles de l'Atlantique se poursuivent jusqu'à l'extrémité du Taurus, en Asie.

Au nord de cette grande zone de montagnes, il n'existe pas d'espèces. Ainsi, pas d'espèces en France, en Angleterre, en Allemagne, en Russie, etc.

Au sud de cette zone, également pas d'espèces. Pas d'espèces dans le Sahara, pas en Égypte, pas en Mésopotamie, pas en Perse, etc.

Lorsque nous disons qu'il n'y a pas d'espèces dans ces contrées, nous voulons seulement dire qu'il n'en existe pas de *spéciales*, de *propres* aux pays, mais que celles qui y sont y ont *toutes été acclimatées*, et que toutes sont sorties des centres de création que nous venons de nommer.

Ainsi, pour les régions au nord de ces centres, le rayonnement s'est ainsi effectué :

Le centre hispanique a fait sentir son influence non-seulement sur presque tout le midi de la France, mais encore a étendu son rayonnement sur toutes les contrées françaises occidentales, et cela jusqu'en Belgique et jusqu'aux îles Britanniques.

Le centre alpique, à lui seul, a peuplé presque toute l'Europe.

Le centre taurique a seulement fait sentir son influence dans le sud de la Russie.

Cela étant, l'on voit que nous n'avons pas de faune spéciale en France, mais seulement une faune alpique et hispanique, c'est-à-dire une faune d'emprunt, une faune d'acclimatation.

Nous nous trompons lorsque nous disons que nous n'avons pas de faune spéciale à notre pays : nous en possédons une, une petite, un reste d'une ancienne faune gallique, dont les représentants, cachés par les derniers contre-forts méridionaux des Cévennes, ont été à l'abri des violents courants descendus du pôle nord, à différentes époques périodiques, et qui ont balayé et anéanti toute la faune européenne répandue au nord des grandes chaînes de montagnes.

Ce qu'il y a de curieux dans ce fait d'une ancienne faune gallique, c'est que les représentants de cette faune ont été soupçonnés et signalés par l'auteur de cette théorie, bien avant qu'ils n'aient été découverts. Inutile, croyons-nous, de nous étendre davantage sur ce sujet, tous les conchyliologues connaissent les jolis genres Moitessieria, Paladilhia, Bugesia.

Ainsi donc, si la France ne possède qu'une faune accidentelle, empruntée aux centres hispanique et alpique, il devient évident que les îles Britanniques ont dû recevoir toutes ses espèces des mêmes centres, puisque ces îles ne sont que la continuation des terres françaises et que le détroit de la Manche est tout récent, ainsi que le démontrent la géologie et la paléontologie.

Or, si les espèces des îles Britanniques ont, avant de parvenir dans ces îles, ce qui est indubitable, traversé toute l'étendue des contrées françaises, elles ont dû, pour que cette théorie soit vraie, laisser dans notre pays des traces, des représentants de leur passage. C'est justement ce que cette histoire monographique des Geomalacus démontre.

Dans les îles Britanniques, il se trouvait deux genres qui paraissaient spéciaux à ce pays, les genres Assiminea et Geomalacus : le premier vient d'être signalé dans les départements de l'Ain et du Jura par M. le Dr Paladilhe ; le second vient d'être découvert par nous aux environs de Paris.

Il n'existe donc plus maintenant aucunes formes génériques en Angleterre qui soient étrangères à notre pays. Les espèces anglaises sont donc bien des formes des centres alpique et hispanique, qui se sont acclimatées petit à petit, du midi au nord, depuis les Alpes et les Pyrénées jusqu'aux extrémités des îles Britanniques, en passant par la France.

Paris. — Imprimerie de Mme Ve Bouchard-Huzard rue de l'Éperon, 5.

DEUXIÈME FASCICULE.

PARIS. — 1er DÉCEMBRE. — 1867.

II.

De quelques espèces du groupe des Helix serpentina et muralis.

Nous n'avons pas l'intention de décrire ici toutes les espèces de ces groupes : cette notice a seulement pour but de faire connaître un certain nombre de formes méconnues ou encore inédites, de délimiter d'une manière certaine les coquilles auxquelles il convient de donner ces noms de *serpentina* et de *muralis*, et de jeter ainsi un peu de jour dans la synonymie de ces mollusques.

Si l'on consulte les auteurs, si l'on examine attentivement les espèces qu'ils décrivent, il ressort de cet examen :

2

1° Que l'*Helix serpentina* est spéciale à l'Italie méridionale, et qu'elle ne se trouve qu'accidentellement dans le nord de ce pays et en France, dans le département du Var;

2° Que l'*Helix muralis* n'existe pas chez nous, que la coquille décrite sous ce nom par nos auteurs est une espèce différente;

3° Que ces mêmes auteurs ont décrit et figuré, et presque toujours fort mal figuré, sous le nom de *serpentina*, soit l'*Helix hospitans*, soit la *Magnettii*, soit enfin l'*isilensis*.

On remarquera encore que les *Helix hospitans* et *isilensis* sont spéciales à la Sardaigne et à la Corse méridionale; que la *Magnettii* vit en Sardaigne, en Corse et sur quelques points de notre littoral.

Voici la synonymie et la description de ces espèces.

A.

HELIX SERPENTINA.

Helix serpentina, *Férussac*, Tabl. syst., p. 35, 1821, et Hist. Moll., pl. XL, fig. 7.

On reconnaîtra la *serpentina* à son test déprimé, très-faiblement brillant, à stries presque effacées, à sa spire aplatie à peine convexe, forme qui rappelle parfaitement l'*Helix splendida*, Drap.; à son dernier tour grand, largement développé; enfin à ses taches d'un brun rouge couvrant toute la surface de la coquille.

Ainsi que nous l'avons dit plus haut, la synonymie de cette espèce est difficile à établir; aussi ne citerons-nous pas tous les auteurs qui en ont parlé. Parmi les Français, un seul, Michaud, l'a bien représentée : la figure 15 de la planche XIV de son *Complément* est fort bonne; celle donnée par Moquin-Tandon, dans son *Histoire des Mollusques de la France*, est déplorable, elle représente une coquille imaginaire. Ce dernier auteur réunit, sous l'appellation de *serpentina*, les *Helix hospitans* et *Magnettii;* en outre, sa variété *jaspidea* nous semble constituer une espèce fort distincte, à laquelle on pourra conserver ce nom, *Helix jaspidea*. La figure 239 de l'*Iconographie* de Rossmässler se rapporte à une variété minor de notre espèce; la figure 240 représente l'*Helix hospitans*, la figure 241 cette *Helix jaspidea*.

HELIX HOSPITANS.

Helix hospitans, *Bonelli* in *Rossmässler*, Iconographie der land und Susswasser Mollusken, p. 26, pl. XVII, fig. 240, 1836.

Helix caræ, *Cantraine*, Malacologie méditerr. et litt., p. 108, pl. V, fig. 7, 1840.

Helix serpentina, var. hospitans, *Moquin-Tandon*, Hist. Moll. France, t. II, p. 145, 1855.

Testa imperforata, depressa, supra convexo-conoidea, infra subcompressiuscula, tenera, fragili, non nitente, subopaca, eleganter confertim striata, lutescente, et seriatim maculis fuscis ac nigricantibus undatis, ornata; — spira convexa, submamillata, sat elata; apice olivaceo, striato, nitidulo, obtuso; — anfractibus 5 convexiusculis, regulariter crescentibus, sutura parum impressa separatis; ultimo magno, subcompresso, rotundato, ad aperturam regulariter descendente; — apertura obliqua, lunata, oblongo-rotundata, intus albo-cærulescente; peristomate pallide roseo tincto, incrassato, leviter expanso; margine columellari reflexiusculo, in loco umbilicali adpresso, castaneoque tincto. — Diam., 21 mill.; haut., 10 à 12 mill.

Coquille imperforée, déprimée, à spire convexe presque conique, légèrement comprimée en dessous; mince, fragile, non brillante, à peine transparente, très-élégamment couverte de petites stries serrées, très-finement et obscurément chagrinée, jaunâtre, ornée, en dessus, de taches en zigzag brunes et noires, disposées en bandes et, en dessous, d'une bande large et interrompue; spire très-convexe ou convexe-conoïde, comme mamelonnée, olivâtre, striée, un peu brillante et obtuse; cinq tours de spire à croissance régulière, séparés par une suture superficielle; le dernier, grand, un peu comprimé dans le sens de la hauteur et cependant arrondi, offre vers l'ouverture une descendance régulière. Ouverture oblique, échancrée, oblongue-arrondie, à gorge d'un blanc brillant teinté de bleuâtre. Péristome d'un blanc rosé, aigu, faiblement évasé, muni, à l'intérieur, d'un bourrelet peu saillant. Bord columellaire réfléchi et fortement comprimé, de couleur marron, ainsi que la région ombilicale; cette coloration est plus ou moins intense : dans quelques individus elle est peu apparente, mais dans aucun elle ne s'avance sur la paroi aperturale.

L'*Helix hospitans* a été recueillie en Sardaigne à Capoterra et aux environs de Cagliari; en Corse, à Bonifacio (Aucapitaine, Fabre!): à Porto-Vecchio (Paul Mabille!)

HELIX ISILENSIS.

Helix isilensis, *Villa*, mss.

Testa imperforata, depressa, supra compressa, infra depresso-convexa, solida, opaca, nitente, subcostulato-striata, præsertim ad suturas, striis validis confertis, albido-grisea, ac subseriatim maculis castaneis fulguratis, marmorata; — spira subconvexo-depressa, parum elata; apice corneo-rufescente, sublævigato, nitidulo, mamillato, obtuso. — Anfractibus 5-5 1/2 sat convexis, celeriter (primi lente, cæteri rapide) crescentibus, sutura impressa separatis; ultimo permagno, compresso, rotundato, obscure carinato, ad aperturam non descendente. — Apertura obliqua, lunata, late subrotundatoovata, intus albo-cærulescente; peristomate albescente, acuto, vix expanso, incrassato, margine columellari in loco umbilicali subcompresso, castaneo-tincto.—Diam., 20 à 21 mill.; haut., 10 à 11 mill.

Coquille imperforée, déprimée, à peine convexe en dessus, déprimée-convexe en dessous, solide, épaisse, opaque, luisante, couverte de stries serrées, assez apparentes, un peu fortes, surtout auprès de la suture, ornée de taches brunes disposées en zigzag et formant des bandes longitudinales confuses. Spire surbaissée, à peine convexe; sommet corné rougeâtre, faiblement strié, brillant, mamelonné et obtus. Cinq tours de spire à croissance peu régulière : lente chez les premiers, elle devient très-rapide chez les suivants; le dernier, très-grand, faiblement comprimé, arrondi, présente à son pourtour une carène obscure qui s'évanouit vers sa terminaison; ce dernier ne descend pas vers l'ouverture, laquelle est large, obliquement ovale-arrondie, échancrée, à gorge brillante, blanche, teintée de bleuâtre. Péristome blanchâtre, aigu, à peine évasé; bord columellaire un peu comprimé vers l'ombilic, d'un brun roux, ainsi que la région ombilicale; cette même teinte recouvre en grande partie la paroi aperturale.

L'*isilensis* habite la Sardaigne (Villa!) et la Corse, à Bonifacio (Fabre!).

HELIX MAGNETTII.

Helix Magnettii, *Cantraine*, Malacologie méditer. et littor., p. 108, 1840.

Helix serpentina, *Dupuy* (non Férussac), Hist. Moll. France, p. 124, pl. IV, 1848 (excl. syn.).

Testa imperforata, depresso-convexa, supra conoidea vel compresso-convexa, infra convexa, solida, opaca, nitidiuscula, confertim striata, grisea vel albido-lutescente, ac maculis nigris, castaneisque marmorata, subtus uni vel bifasciata; — spira conoidea, quandoque subdepressa, convexa, sat elata; apice violaceo, macula rubra tincto, oculo armato, eleganter striato, nitidulo, obtuso;—anfractibus 5-5 1/2 subdepresso-convexis, regulariter crescentibus, sutura impressa separatis, ultimo magno, rotundato vel compresso-rotundato, regulariter ac valde descendente, circa locum umbilicalem inflato;—apertura obliqua, lunata, ovato-rotundata, intus alba, pallide cæruleo vel roseo tincta; peristomate subacuto, intus incrassato, subexpanso; margine columellari compresso, in loco umbilicali valde adpresso, nigro-purpurascente maculato.—Diam., 20 à 22 mill.; haut., 11 à 12 mill.

Coquille déprimée, imperforée, parfois déprimée-convexe, à spire assez élevée, conoïde ou surbaissée, un peu enflée en dessous, solide, opaque, un peu brillante, couverte de stries serrées, assez fines, peu régulières, grises ou blanc jaunâtre et ornées de taches noires et brunes-les premières disposées en bandes interrompues. Sommet d'un violet très-pâle, obtus, couvert, vu sous une forte loupe, de stries fines et serrées. Cinq tours de spire assez convexes, à croissance régulière, séparés par une suture bien marquée; le dernier grand, arrondi, descendant régulièrement et assez rapidement vers l'ouverture, un peu renflé autour de l'ombilic. Ouverture oblique, échancrée, ovale-arrondie, à gorge blanche lavée, suivant les individus, d'une faible teinte bleuâtre ou rosée. Péristome peu aigu, muni intérieurement d'un bourrelet blanchâtre, faiblement évasé. Le bord columellaire, déprimé, comprimé sur la région ombilicale, est couvert d'une belle teinte noire pourprée qui s'étend sur toute la paroi aperturale.

L'*Helix Magnettii* habite la Sardaigne, à Cagliari (Cantraine); la Corse, à Bonifacio (Fabre!); le département du Var, aux environs de Toulon et de Saint-Cyr.

B.

HELIX MURALIS.

Helix muralis, *Müller*, Verm. hist., II, p. 14.—1774.

On distinguera l'Helix muralis de ses congénères à sa coquille orbiculaire déprimée, mince, assez fragile, subopaque ; à ses tours de spire convexes, à croissance irrégulière, lente chez les premiers, rapide chez les derniers, à ses stries apparentes, inégales, crispées, ondulées, comme celles de l'*H. aspersa*, mais plus fortes ; à ses tubercules saillants, serrés, arrondis, comprimés et nettement circonscrits, ce qui rend la coquille rude au toucher ; à sa spire médiocre, mamelonnée, convexe, à sommet petit, obtus ; enfin à la carène obscure de son dernier tour.

L'*Helix muralis* a souvent été confondu avec les autres espèces du même groupe ; quelques auteurs, comme Cantraine (1), ont décrit sous ce nom la *Serpentina :* c'est à elle qu'il faut rapporter la fig. 231 *a* de l'*Iconographie* de Rossmässler ; la fig. 8, pl. VIII de l'*Enumeratio moll. Siciliæ* de Philippi ; la fig. 10, pl. II de l'*Illustrazione sistem. crit., etc., dei Testacei estr. Sicilia* de Benoit. La figure 230 de l'*Iconographie* précitée appartient à l'*H. globularis Ziegl.*, et la fig. 1re de la planche V de l'*Histoire des Moll. de la France*, de l'honorable abbé Dupuy, appartient à l'*Helix orgonensis,* Phil. (2).

(1) Malacologie littor. et méditer., p. 109.

(2) *Helix orgonensis*, Philbert, in Moq. Tand., *Hist. Moll. France*, p. 143. — *Helix undulata*, Michaud, compl., 1831, non Fér.

HELIX ABROMIA.

Helix abromia, *Bourguignat*, mss.

Testa imperforata, depressa, supra subconvexo-planata, infra depresso-convexa, sat tenui, solidiuscula, opaca, nitidula, costulis et tuberculis minimis, confertis, linearibus ornata, maculisque rufis fulguratis marmorata; — spira convexiuscula, depressa, apice olivaceo, sub lente paululum crispato, obtuso; — anfractibus 4-5 depresso-convexiusculis, subregulariter crescentibus, sutura sat impressa separatis, ultimo magno depresso-rotundato, ad aperturam non dilatato ac paululum deflexo; — apertura obliqua, lunata, late ovato-rotundata, intus pallide rufo-tincta; peristomate albo, expansiusculo, subincrassato; margine columellari paululum reflexo, ad basin roseo maculato. — Haut., 7 mill.; diam., 11 mill.

Coquille imperforée, déprimée, assez mince, solide, opaque, un peu luisante, couverte, en dessus, de marbrures brunes ou rougeâtres disposées en zigzag et de stries irrégulières assez serrées, entre lesquelles apparaissent de petits tubercules linéaires comprimés, très-serrés, visibles seulement à la loupe, unicolore en dessous; spire un peu surbaissée, à sommet olivâtre très-faiblement crispé, obtus; 4 à 5 tours de spire un peu convexes, croissant assez régulièrement, séparés par une suture assez apparente, le dernier grand, arrondi, comprimé, non dilaté vers l'ouverture, mais s'infléchissant un peu; ouverture oblique, échancrée, largement ovale-arrondie, à gorge d'un brun rouge; péristome blanc, évasé, un peu épaissi; bord columellaire taché de rose à la base.

Cette jolie coquille habite la Lombardie.

HELIX ORGONENSIS.

Helix orgonensis, *Philbert*, in *Moq. Tand.*, *Hist. Moll. France*, II, p. 143, 1855.

Helix undulata, *Michaud*, *Complément*, p. 22, pl. XIV, fig. 10, 1831 (*non Férussac*).

Testa imperforata, depressa, supra planata, vel planato-convexa, albida, strigis, maculisque undulatis longitudinaliter fusco-marmorata; subtus unicolor; costulato-striata ac tuberculis minimis, obsoletis, ornata; — spira subconvexiuscula, apice fusco, obtuso, sub lente paululum striato; — anfractibus 5 convexis, irregulariter (primi lente, ultimi celerrime) crescentibus; sutura impressa separatis; ultimo maximo, rotundato, in loco umbilicali inflato, ad aperturam regulariter, rapideque descendente; — apertura obliqua, lunata, ovato-rotundata, intus purpurascente; peristomate albo, expanso reflexoque, subincrassato; margine columellari adpresso, ad basin roseo-tincto.

L'*Helix orgonensis* habite en France, aux environs d'Orgon (Var); c'est à elle que se rapporte la fig. 1re *b*, *c* de l'*Histoire des Mollusques de la France* de l'honorable abbé Dupuy.

HELIX ABRÆA.

Helix abræa, *Bourguignat*, mss.

Testa obtecte imperforata, depressa, tenuissime striata ac costulis irregularibus ornata, solida, crassiuscula, supra cinereo-albida, maculis et punctis violaceis marmorata, subtus unicolore olivaceo: — spira parum convexa, apice acutiusculo, striatulo, corneo, paululum nitente; — anfractibus 4-5 convexo-depressis, irregulariter celeriterque (primi minimi rapide, cæteri magni celerrime) crescentibus, sutura impressa separatis, — ultimo permagno, compresso-rotundato, lente descendente ad insertionemque labri externi subito deflexo, in loco umbilicali inflato; — apertura oblongo-ovata, lunata; peristomate acuto, leviter expanso, intus paululum incrassato, albo-lutescente; — margine columellari dilatato, ad basin pallide violaceo-tincto; fauce rufo-purpurascente. — Haut., 9-10 mill.; diam., 14-17 mill.

Coquille imperforée, déprimée, peu épaisse, assez solide, d'un cendré blanchâtre, couverte, en dessus, de marbrures et de taches ponctiformes violacées, unicolore en dessous : ornée de stries très-fines et de petites côtes irrégulièrement espacées, assez apparentes. Spire peu convexe, à sommet un peu aigu, faiblement strié, corné, peu luisant ; 4 à 5 tours de spire, déprimés-convexes, à croissance irrégulière, rapide chez les premiers, très-accélérée chez les derniers, séparés par une suture bien marquée, le dernier très-grand, comprimé, arrondi, faiblement descendant et subitement infléchi à sa terminaison, enflé vers la région ombilicale. Ouverture oblongue-ovale, échancrée ; péristome aigu, un peu évasé, faiblement épaissi, d'un blanc jaunâtre ; bord columellaire taché de violet pâle à sa base. Gorge d'un brun rouge intense.

L'*Helix abræa* habite la Lombardie.

HELIX SUBSTRIGATA.

Helix substrigata, *Bourguignat*, mss.

Testa obtecte perforata, depressa, rude costis irregularibus strigisque ac tuberculis minimis subquadratis, compressis, paululum acutis, ornata; opaca, non nitente, subsolida, cinerea, nigro-purpurascente maculata ; — spira convexiuscula; apice subacuto, corneo-lævigato ; — anfractibus 5-5 1/2 depresso-convexis, irregulariter (primi sat lente regulariterque, cæteri celerrime) crescentibus, sutura impressa separatis ;— ultimo maximo, compresso, obscure carinato, sensim ac regulariter descendente, ad insertionemque labri externi valde deflexo, in loco umbilicali paululum inflato; — apertura lunata, oblique ovata; peristomate acutissimo, breviter reflexo, albo, intus sublabiato; margine columellari late dilatato, umbilicum tegente, ad basin violaceo-cinerascente tincto; — fauce intense rubro-pruinosa. — Haut., 9 mill.; diam., 18 mill.

Coquille subperforée, déprimée, couverte de stries grossières et de petits tubercules de forme quadrangulaire comprimés, un peu aigus,—opaque, mate, peu solide, de couleur cendrée, et tachée, entre les stries, de brun rougeâtre. Spire un peu convexe à sommet aigu, corné, lisse; 5 à 5 1/2 tours de spire, à croissance irrégulière, lente chez les premiers et très-rapide chez les autres. Suture marquée; dernier tour très-grand, comprimé, obscurément caréné, assez sensiblement descendant et brusquement infléchi à sa terminaison; région ombilicale enflée.—Ouverture échancrée, obliquement ovale.—Péristome aigu, légèrement réfléchi, blanc, muni intérieurement d'un faible bourrelet. Bord columellaire dilaté, recouvrant l'ombilic, taché, à la base, de violet cendré. Gorge d'un violet intense.

L'*Helix substrigata* habite la Sicile à Marsala.

HELIX UMBRICA.

Helix umbrica, *Charpentier*, mss.

Testa mediocriter umbilicata, orbiculato-depressa, supra convexo-mamillata, albido-lutescente, nitidiuscula, opaca, solida, costis lamelliformibus ornata; — spira convexiusculo-subdepressa; apice obtuso, corneo-flavescente, lævigato; — anfractibus 4-5 (primi regulariter, ultimus celerrime) crescentibus, convexiusculo-depressis, sutura sat impressa separatis; — ultimo maximo, depresso, ad peripheriam obscure carinato, lente descendente ac subito deflexo;—apertura obliqua, lunata, ovata, marginibus approximatis; peristomate acutiusculo, paululum expanso, albo, intus sublabiato, ad umbilicum reflexo; — margine columellari adpresso, paululum incrassato. — Haut., 8 mill.; diam., 17 mill.

Coquille pourvue d'un ombilic médiocre, orbiculaire-déprimée, convexe, mamelonnée en dessus, d'un blanc jaunâtre, un peu brillante, opaque, solide, couverte de petites côtes lamelliformes; spire subdéprimée-convexe, à sommet obtus, corné-jaunâtre, lisse; 4 à 5 tours de spire à croissance régulière chez les premiers, très-accélérée chez le dernier, déprimés-convexes, séparés par une suture marquée ; le dernier très-grand, déprimé, obscurément caréné à son pourtour, à descendance lente et subitement défléchi à sa terminaison ; ouverture oblique, échancrée, ovale, à bords rapprochés ; péristome un peu aigu, un peu évasé, blanc, faiblement épaissi, réfléchi sur l'ombilic; bord columellaire comprimé.

L'*Helix umbrica* habite le monte di Somma en Ombrie.

C.

HELIX RAMBURI.

Helix Ramburi, *J. Mabille*, mss.

Testa pervio-umbilicata, depressa, solida, opaca, non nitente, albida, quandoque fasciis obsoletis fuscis, ornata, irregulariter striato-costulata; — spira subconvexo-depressa ; apice brunneo, lævigato nitente, obtuso; — anfractibus 5-5 1/2 irregulariter (primi subconstricti lente, cæteri rapide) crescentibus, subdepressis, sutura impressa separatis; — ultimo majore, rotundato, paululum descendente et ad aperturam parum dilatato; — apertura obliqua, lunato-rotundata, marginibus subapproximatis; peristomate recto, subacuto-albo, incrassato. — Haut., 9-10 mill.; diam , 3-4 mill.

Coquille pourvue d'une perforation ombilicale assez large, déprimée, solide, opaque, mate, de couleur blanche et quelquefois ornée de fascies brunes presque effacées ; striée costulée ; spire peu convexe, assez déprimée; sommet brun, transparent, brillant, lisse et obtus; 5 à 5 1/2 tours de spire, à croissance assez irrégulière ; lente chez les premiers qui sont un peu resserrés, elle devient très-rapide chez les deux derniers. Le dernier, très-grand, arrondi, à descendance faible, est un peu dilaté à sa terminaison; ouverture oblique, échancrée, arrondie, à bords faiblement rapprochés; péristome droit, à peine tranchant, blanc, épaissi.

Cette espèce appartient au groupe de l'*H. apicina Lamk.* On la distingue de cette dernière à sa taille un peu plus grande, à la croissance de ses tours de spire, plus lents chez les premiers; à son sommet moins aplati; à son ombilic moins ouvert; à l'absence complète de poils sur sa surface, etc. L'*Helix Ramburi* habite dans les prairies artificielles, auprès d'Arcueil (Seine) et de Balancourt (Seine-et-Oise).

Cette espèce a été également recueillie auprès de Théodosie, en Crimée.

HELIX PASCALI.

Helix Pascali, *J. Mabille*, mss.

Testa umbilicata, subgloboso-depressa, tenera, subfragili, corneo-rufescente, vel corneo-albescente, nitidula, striis irregularibus sat confertis, præsertim ad suturas ac pilis raris ornata; — spira convexo-depressa; apice minimo, corneo, nitente, lævigato, obtuso; — anfractibus 5-5 1/2 subconvexiusculis, sat regulariter crescentibus, ultimo majusculo, non descendente, compresso-rotundato, subtus subdepresso, sutura parum impressa separatis; — apertura obliqua, lunata, ovato-rotundato; peristomate subrecto, acuto, albo labiato, margine columellari ad umbilicum expansiusculo.—Haut., 4-5 mill.; diam., 9-9 1/2 mill.

Coquille subglobuleuse - déprimée, ombiliquée, peu épaisse, assez fragile, subtransparente, un peu brillante, d'un corné roux ou blanchâtre, couverte de stries irrégulières un peu serrées, assez apparentes et de quelques poils très-caducs; spire convexe-déprimée, à sommet petit, brillant, corné, lisse et obtus; 5 à 5 1/2 tours de spire, un peu convexes, à croissance assez régulière; dernier tour un peu grand, non descendant, comprimé-arrondi et faiblement déprimé en dessous; suture peu marquée; ouverture oblique, échancrée, ovale-arrondie; péristome presque droit, tranchant, muni intérieurement d'un bourrelet blanc; bord columellaire un peu évasé sur l'ombilic.

Voisine de l'*Helix montana Charp.*, l'*H. Pascali* s'en distingue par ses stries, par ses poils, son ombilic, sa coloration, etc. Cette espèce habite les lieux frais et montueux de l'est de la France; nous l'avons reçue de Saint-Amour (Jura) et de Bellegarde (Ain).

HELIX ARENIVAGA.

Helix arenivaga, *J. Mabille*, mss.

Testa umbilicata, orbiculato-depressa, solida, opaca, nitidula, albescente, vel rufescente, quandoque maculis et lineis fuscis cincta, ac striis confertis sat conspicuis ornata; — spira subconvexo-depressa; apice nitido, parvulo, lævigato, castaneo; — anfractibus 6, regulariter ac celeriter crescentibus; ultimo maximo, obscure angulato, ad aperturam paululum deflexo, infra planiusculo; sutura sat impressa separatis; — apertura obliqua, lunata, ovato-rotundata; peristomate recto, acuto, intus albo labiato. — Haut., 9-10 mill.; diam., 19-20 mill.

Coquille déprimée, solide, opaque, blanchâtre ou roussâtre, unicolore, quelquefois couverte de bandes brunes plus ou moins interrompues, irrégulièrement ornée de stries serrées et assez apparentes; spire assez convexe, à sommet petit, brun marron, composée de 5/6 tours peu convexes, séparés par une suture bien apparente: à croissance régulière et rapide; dernier tour très-grand, médiocrement convexe en dessus, très-obscurément caréné, un peu aplati en dessous; ombilic médiocre, profond; ouverture ovale-arrondie, oblique, échancrée. Péristome droit, aigu, muni intérieurement d'un ou de deux bourrelets blancs, et souvent d'un troisième plus enfoncé; bord columellaire faiblement rejeté sur l'ombilic.

L'*Helix arenivaga* habite la France méridionale, particulièrement à la Sainte-Beaume, aux gorges d'Ollioules (G. Le Mesle), à Nice (Dr Rambur), à Hyères, sur les bords du Gapau et à Toulon. Voisine de l'*Helix arenarum Bourg* (1), la nôtre s'en distingue à sa coquille plus déprimée, sa spire moins convexe, son ombilic plus étroit, etc.

HELIX APALOLENA.

Nous pensons faire plaisir à nos amis et correspondants en donnant la description de cette belle espèce française, que vient de décrire notre ami M. Bourguignat dans sa VIIIe décade des *Mollusques nouveaux*, etc. Prise, par tous les auteurs, pour une *lactea*, l'*Helix apalolena* en diffère essentiellement par son test et ses caractères anatomiques.

Helix apalolena, *Bourguignat*, Moll. nouv., (VIIIe décade), p. 231, n° 74, pl. XXXV, fig. 1-5.

Testa imperforata, plus minusve depresso-globosa, tenui, sat fragili, subpellucida, nitente, sublævigata, vel sub lente striis obliquis (validioribus circa suturam) ac spiralibus obscure munita; griseo-castanea, duabus vel tribus zonulis pallidioribus parum perspicuis circumornata et undique passim lacteo-punctata; spira depressa, parum elevata, apice obtusa, nitida, lævigata; anfractibus 5 convexiusculis, celeriter regulariterque crescentibus, sutura parum impressa separatis; ultimo rotundato uniformiter prope aperturam cas-

(1) *Helix arenarum*, Bourguignat, *Malacologie algér.*, p. 23, pl. XXVII, fig. 1-9. — 1864; espèce d'Algérie et de Sicile.

taneo ac sat subito valde descendente; apertura obliqua, lunata, transverse oblonga, intus nitido-castanea; peristomate obtuso, crassiusculo, patulo, intus albidulo; margine columellari recto, stricto, non calloso; marginibus tenuissimo callo castaneo junctis. — Haut., 20-24 ; diam., 33-36 mill.

Habite depuis Barcelone, en Espagne, jusque dans le département de l'Aude, en France.

Paris. — Imprimerie de Mme Ve Bouchard-Huzard, rue de l'Éperon, 5.

TROISIÈME FASCICULE.

PARIS. — 1er MARS. — 1868.

III.

Des limaciens européens.

Les Limaciens européens comprennent, actuellement, les quatre familles suivantes : *Arionidæ*, *Limacidæ*, *Testacellidæ*, *Parmacellidæ*.

Nous ne nous occuperons, dans cette notice, que des deux premières, dont les caractères sont :

Arionidæ : Animaux subcylindriques, un peu atténués postérieurement, pourvus d'*une glande mucipare caudale*, d'une *mâchoire à côtes saillantes*, nombreuses, sans rostre médian, et d'un *plan locomoteur débordant le corps*.

Limacidæ. Animaux subcylindriques, très-atténués postérieurement, *sans glande mucipare caudale*, à *plan loco-*

moteur peu distinct du corps, étroit, ne le débordant pas, et à *mâchoire sans côtes ni denticulations*, mais *pourvue d'un rostre médian et saillant.*

La connaissance et l'étude des espèces du système européen nécessitent la création d'une nouvelle famille, intermédiaire entre les deux premières.

Cette famille comprendra les animaux du genre *Letourneuxia* (1), dont les caractères sont les suivants : Animaux à peine atténués postérieurement, *sans glande mucipare caudale*, à *mâchoire sans rostre médian*, mais ornée de *nombreuses denticulations*, à *plan locomoteur fortement séparé du corps*, et *recouvert* en partie par la queue, à *limacelle* forte, épaisse et sans lignes concentriques.

Les animaux de cette famille se rapprochent :

Des *Arionidæ*, par la forme de leur corps et leur mâchoire denticulée ;

Des *Limacidæ*, par l'absence de glande mucipare, par la présence d'une limacelle; mais ils s'éloignent des premiers par l'absence de cette même glande, par la forme de leur limacelle et la contexture de leur tissu épidermique ; des seconds, par la forme de leur mâchoire, celle de leur corps, la position du bouclier, etc.;

Des deux, par la forme de la limacelle, par la position du manteau et par le développement de la partie caudale recouvrant presque entièrement le plan locomoteur. Ils sont donc voisins des deux, sans cependant appartenir réellement à l'une ou à l'autre de ces familles, et l'on peut dire qu'ils forment le passage de la première à la seconde.

Telles sont les raisons qui nous engagent à considérer le genre *Letourneuxia* comme le type d'une famille nouvelle qui prendra le nom de *Letourneuxidæ*.

(1) Genre récemment créé par M. Bourguignat, pour un Limacien d'Algérie. — Voir *Moll. nouv.*, 7e déc., février 1866.

ARIONIDÆ.

1° Les caractères de l'*Arion rufus* (1) sont :

Un corps cylindrique, très-convexe en dessus, *jamais caréné ;* arrondi en avant, un peu aigu et cependant dilaté en arrière, vermillon, rouge, jaunâtre, rougeâtre, gris, blanc ou noir, mais toujours unicolore ; à rides dorsales apparentes, élevées, simulant des carènes aiguës, ridées transversalement. La marge du pied, plus pâle que le corps, offre toujours une série de linéoles parallèles et noirâtres.

2° L'*Arion ater* (2), espèce spéciale aux hautes montagnes, et qui, parfois, se rencontre aussi dans les plaines, diffère du *rufus* par sa taille, par la position de son orifice pulmonaire, par ses rugosités plus fortes, plus épaisses.

3° L'*Arion albus* (3), tel que l'a décrit et figuré Férussac, n'est qu'une variété du rufus ; mais il ne faut pas, à l'instar de presque tous les auteurs, considérer le *Limax albus*, Müller (4), comme synonyme de la première espèce. Cette dernière, bien distincte de celle figurée par Férussac, appartient aux contrées du nord de l'Europe, particulièrement à la Suède et au Danemark.

4° Une considération analogue doit faire rejeter les dé-

(1) *Limax rufus*, L.; *Syst. nat.*, 1758 ; *Arion rufus*, Michaud, *Compl. Drap.*, 1831.

(2) *Limax ater*, Linnæus (pars), *Syst. nat.*, 1758.

(3) *Arion albus*, Férussac, *Hist.*, 1819. C'est le *Limax albus*, Müller, *Efterresting om Swampe*, 1763, — non *Verm. Hist.*, 1774.

(4) *Limax albus*, Müller, *Verm. Hist.*, 1774.

nominations de *Limax cinctus* et *fuscus*, Müller. Ces deux espèces, spéciales aux contrées du nord de l'Allemagne, n'ont jamais été recueillies en France. L'application de ces deux noms aux *Limax subfuscus*, de Draparnaud, et à l'*Arion hortensis*, Férussac, constitue donc de graves erreurs de détermination.

L'examen de ces différentes espèces nous a fait reconnaître que, sous les noms précités, se trouvaient confondues un certain nombre de formes, soit génériques, soit spécifiques, qui doivent être distinguées. Ces formes sont les suivantes :

Genre Baudonia.

Animal : corpore ovato-elongato, subcylindraceo, postice paululum attenuato, antice patulo ; — supra rugosulo, non carinato ; — clypeo parvo, antico, rotundato, rugosulo aut leviter striatulo ; — cavitatis pulmonaris orificio medio ac dextrorso ; — capite parvulo, distinctissimo ; — tentaculis 4, — superioribus parvis.

Animal ovale-allongé, subcylindriforme, un peu atténué à sa partie postérieure, élargi à sa partie antérieure, ordinairement de couleur sombre, sans bandes ni points. Bouclier très-antérieur, plus ou moins arrondi, petit, faiblement strié ou à peine chagriné, pourvu, dans sa partie antérieure, d'un orifice pulmonaire placé à droite, de grandeur médiocre. Tête très-petite, parfaitement distincte, nettement séparée du corps et du plan locomoteur, portant quatre tentacules, très-courts, subcylindriques, à peine renflés à leur sommet, très-écartés ; — les supérieurs oculés. — Glande mucipare caudale, étroite, peu prononcée. Plan locomoteur bien distinct du corps, à bords dilatés, et dont la marge est séparée en deux portions presque égales par une ligne longitudinale.

Ce nouveau genre, que nous dédions à notre ami, M. le docteur Baudon, se distingue des *Arion* par la forme toute particulière des animaux qui le composent ; dans ce dernier, en effet, le corps est atténué aux deux extrémités, tandis que chez les *Baudonia* il est élargi et comme épaté en avant; son bouclier, presque lisse et orné de quelques granulations ou seulement un petit nombre de stries vermiculées ; sa tête bien détachée du corps et du plan locomoteur ; la petitesse, la forme et la position des tentacules sont autant de caractères qui le feront facilement reconnaître.

On le distinguera des *Geomalacus* (1) par les caractères énoncés plus haut, et, en outre, par l'absence de limacelle remplacée, chez les *Baudonia*, par des granulations calcaires, très-fines et non agglomérées ;

Des *Letourneuxia* (2) par l'absence de limacelle, par le plan locomoteur non recouvert par la partie dorsale, par la présence d'une glande mucipare caudale ;

Des *Limax*, *Milax*, *Krynickillus*, par la présence d'une glande mucipare caudale, par l'absence de limacelle, etc.

Les espèces actuellement connues du genre *Baudonia* sont les :

BAUDONIA TIMIDA.

Arion timidus (pars), Morelet, *Moll. Portugal*, p. 31, pl. II, fig. 2, 1845.

Animal cylindracé, un peu atténué à sa partie postérieure, très-élargi à la partie antérieure, d'un brun sombre

(1) Genre créé par Allmann, en 1846. (Voir *Archives malac.*, t. 1, p. 1, 1867.

(2) Genre établi par M. Bourguignat, en 1866 (*Moll. nouv.*), pour un Limacien d'Algérie.

presque uniforme, d'un ton grisâtre sur les flancs. Partie dorsale un peu plus foncée. Tissu épidermique, sillonné de rides apparentes, superficielles et réticulaires. Bouclier de même couleur que le corps, mais un peu moins foncé, petit, exactement arrondi à ses extrémités. Plan locomoteur large, débordant le corps, arrondi et épaté en avant. Tête et tentacules grisâtres. Cou blanchâtre, sillonné. Pied couleur de fer traversé par une bande livide et médiane. Marge jaune pâle, plus colorée dans la partie antérieure, et ornée de linéoles brunes, transverses, et d'une ligne longitudinale de la même couleur.

Habite les bords du Tage, aux environs d'Abrantès (Portugal).

BAUDONIA MONTANA.

Arion timidus (altera pas), Morelet, *Moll. Port.*, p.31, 1845.

Cette nouvelle espèce diffère de la *B. timida* par sa coloration d'un brun verdâtre, passant au noir vers la partie postérieure du corps, par son pied gris de fer, dont la marge offre une teinte bleuâtre, par son bouclier obtusément anguleux en arrière, au lieu d'être arrondi comme celui de la *timida*, par la couleur brun foncé de la tête et des tentacules.

Cette belle espèce habite les montagnes de la partie septentrionale de la province de Beira, en Portugal.

ARION LUSITANICUS.

Arion rufus, var. γ. et δ, Morelet, *Moll. Portugal*, p. 29, 1845 (1).

(1) Non *arion rufus*, Michaud, *Compl. Drap.*, 1831, espèce toute différente.

L'Arion Lusitanicus se reconnaît à sa forme relativement plus grêle et plus allongée que celle du *rufus*, à ses rides plus profondes, brièvement anastomosées, formant sur toute l'étendue du corps une série de tubercules peu allongés, comprimés et se terminant supérieurement en une arête aiguë, particulièrement pendant la contraction de l'animal. La marge du pied d'un cendré roussâtre ou jaunâtre, son mucus jaune, sa coloration générale rousse ou ferrugineuse, ses bandes latérales d'un beau noir, rarement d'un roux plus ou moins foncé, le séparent encore nettement du rufus.

Cette belle espèce habite le Portugal, particulièrement la sierra d'Arrabida, près de Lisbonne.

ARION PASCALIANUS.

Arion fuscatus, Morelet, *Moll. Portugal*, p. 32, 1845 (1).

Dans cette espèce, le corps, assez bien arrondi lorsque l'animal a pris toute son extension, est d'un beau noir brillant; les sillons peu apparents et les anastomoses ne sont visibles que dans le voisinage du bouclier; les flancs et la marge du pied, d'un bleu passant au gris, n'offrent aucune trace de bandes ou de linéoles.

Cette espèce habite la province de Tras-os-Montes, en Portugal.

ARION HIBERNUS.

Animal : corpore elongato, cylindrico, postice attenuato, omnino rubiginoso-purpureo, ad marginem pedis pallidiore; — rugis dor-

(1) Non *Arion fuscatus*, Férussac, 1819, espèce différente.

salibus exiguis, parum elongatis ac perspicuis; — pede obscure albidulo-rubiginoso; — margine pedis, ad caudam triangulare elongata ac dilatata, lineolis obscuris fimbriata; — clypeo oblongo, antice posticeque rotundato, subgranuloso, purpureo, collum obtegente.

Animal allongé, de forme cylindrique, atténué à sa partie postérieure, d'une belle teinte *pourpre couleur de rouille*, un peu plus pâle vers les bords du pied, donnant au corps un aspect brillant, comme velouté; — rides dorsales délicates, peu sensibles, faiblement allongées; — pied d'un blanc couleur de rouille; — bords du pied frangés de petites linéoles plus foncées, dilatés seulement à la partie caudale et présentant un développement de forme triangulaire sur lequel se détache, en blanc, la gouttière de la glande mucipare. — Orifice pulmonaire très en avant, échancrant le bouclier. Bouclier oblong, arrondi en avant et en arrière, subgranuleux, d'une teinte plus foncée et d'une apparence plus veloutée que le reste du corps, et recouvrant, presque entièrement, le cou; — tentacules supérieurs de même teinte, peu allongés, inférieurs très-exigus.

Longueur de l'animal en marche, 50 mill.

Vit dans les bois de Meudon et de Bondy, près de Paris; on le trouve, en hiver seulement, sous les feuilles et les détritus.

Dans l'alcool, cet arion perd son aspect brillant et velouté; sa belle coloration se fonce et passe au pourpre noir; le pied se décolore et paraît d'un blanc jaunâtre sale.

ARION CAMPESTRIS.

Animal : corpore ovato-elongato, cylindrico, supra valde convexo, non carinato, postice anticeque paululum attenuato, aurantiaco, ad margi.em pedis pallidiore; — rugis dorsalibus conspicuis, elongatis, acutiusculis, granosis; — pede obscure albescente; — margine pedis angusta, ad caudam subobtusa, absque lineolis, sub lente punctulis aurantiacis, confertis ornata; clypeo ovato-elongato, antice subattenuato, postice rotundato, elegantissime confertim granuloso, collum subobtegente.

Animal allongé, de forme cylindrique, bien convexe en dessus, un peu atténué en avant et en arrière, d'une belle teinte orangée en dessus, un peu plus pâle vers les bords du pied; — rides dorsales assez apparentes, granuleuses, peu allongées, un peu aiguës en avant et en arrière; — pied d'un blanchâtre sale, à bords étroits, légèrement jaunes, sans trace de linéoles, mais couverts de nombreux points orangés, visibles seulement à la loupe. — Glande mucipare grande, en forme de cœur; — orifice pulmonaire antérieur petit, échancrant faiblement le bouclier; — bouclier ovale-allongé, un peu atténué en avant, arrondi aux deux extrémités, tout couvert de fines granulations très-serrées; — tête et tentacules d'un noir bleuâtre, — tentacules supérieurs peu allongés, minces, divergents, — les inférieurs très-petits.

Longueur de l'animal en marche, 33 à 35 mill.

Habite sous les pierres et les herbes humides, — les bords de la Seine à Sèvres et à Billancourt, près de Paris.

ARION RUPICOLA.

Animal : corpore elongato, cylindrico, postice parum attenuato, viridi, lutescente, aut nigrescente, ad marginem pedis pallidiore; zonulis nigricantibus ad latera ornato; — rugis dorsalibus conspicuis, elongatis; — pede pallidiore, medio cœrulescente; — margine pedis angusta, luteola vel albescente, lineis fuscis, brevibus, æquidistantibus fimbriata, ac punctulis flavis numerosis, munita; — clypeo ovato-elongato, valde eleganterque granuloso, zonula obscura utrinque ornato, collum subobtegente.

Animal allongé, de forme cylindrique, un peu atténué en arrière, d'une teinte générale verdâtre, devenant, sur le milieu du corps et suivant les individus, jaunâtre ou noirâtre. Deux bandes noirâtres règnent de chaque côté du corps et se confondent postérieurement au-dessus de la glande mucipare, qui est petite et légèrement bleuâtre Rides du dos prononcées, apparentes, allongées : pied bleuâtre vers le milieu ; marge du pied étroite, jaunâtre ou blanchâtre, ornée de quelques linéoles transverses et de nombreuses ponctuations jaunes. — Bouclier ovale-allongé, très-élégamment chagriné, entouré d'une bande brune et recouvrant en partie le cou ; — orifice pulmonaire antérieur, tête et tentacules noirs, les supérieurs courts, peu divergents, assez minces, les inférieurs exigus.

Longueur de l'animal en marche, 27 à 28 mill.

Habite à Billancourt, près de Paris.

ARION DISTINCTUS.

Animal : corpore gracili, elongato, supra paululum planulato, non carinato, antice posticeque attenuato, griseo-luteolo, in dorso nigrescente, ad latera zonulis nigricantibus ornato ; — rugis dorsalibus, parvis, parum elongatis, granulosisque ; — pede sordide luteo ; margine pedis absque lineolato, quandoque punctulato ; — clypeo sublævigato, ovato-elongato, extremitatibus rotundato, antice attenuato, zonula nigrescente postice interrupta, circumcincto.

Animal mince, assez grêle, allongé, un peu plat en dessus, atténué à ses deux extrémités, d'un gris jaunâtre passant au noirâtre vers la partie postérieure du dos, orné sur le flanc d'une zonule noirâtre ; — rides dorsales assez faibles, peu visibles, finement granuleuses, un peu allongées ; — pied d'un jaune sale ; — marge du pied sans linéoles transverses, mais offrant quelques faibles points jaunâtres, particulièrement vers la partie postérieure, —

glande mucipare petite, à appendice obtus; — orifice pulmonaire très-antérieur, petit, échancrant faiblement le bouclier. — Bouclier ovale-allongé, atténué en avant, arrondi aux extrémités, orné d'une bande circulaire noirâtre, interrompue seulement vers l'extrémité postérieure; — tête et tentacules d'un bleu noir, les supérieurs délicats, très-petits, — les inférieurs rudimentaires.

Longueur de l'animal en marche, 25 à 28 mill.

Vit sous les pierres dans les environs de Sèvres.

ARION NEUSTRIACUS.

Animal : corpore elongato-subcompresso, carinato, antice posticeque vix attenuato, grisco-rubescente, in dorso, lineolis, ad latera zonulis nigrescentibus, ornato ; — carina dorsali parum conspicua ; — rugis dorsalibus, elongatis, confertis, tenuibus ; — pede sordide albidulo; — margine pedis dilatato, ad partem posteriorem patulo, absque lineolis, punctulis flavis, minimis, solum sub lente conspicuis, munito ; clypeo elongato, antice posticeque rotundato, eleganter confertimque granuloso.

Animal allongé, faiblement comprimé, à peine atténué en avant et en arrière, et orné d'une arête carénante qui se prolonge sur le dos de la glande mucipare jusque vers le bouclier; — corps d'un gris rougeâtre, dans les individus adultes, d'une couleur lie de vin chez les jeunes, présentant sur chaque flanc une zonule noirâtre et sur la partie dorsale, vers la queue, quelques linéoles de la même couleur; — rides dorsales allongées, serrées, fines ; — pied d'un blanc sale; marge du pied dilatée et comme épatée dans la région caudale, sans linéoles transverses, mais offrant une série de petits points jaunes, visibles seulement à la loupe; — bouclier allongé, arrondi en avant et en arrière, élégamment couvert de tubercules serrés, recouvrant presque tout le cou et orné d'une bande noirâtre marginale; orifice pulmonaire petit, très-antérieur; tentacules supérieurs très-petits, noirs, les inférieurs exigus.

Longueur de l'animal en marche, 35 à 38 mill.

Habite Sèvres, Bellevue, Charenton, sous les pierres.

ARION BOURGUIGNATI.

Animal : corpore lato, sicut compresso, carinato, antice posticeque non attenuato; albidulo-griseo, in dorso nigrescente, ad latera zonulis paululum incertis magis saturatis, ornato; carina dorsali (in speciminibus non adultis) valida, acute prominente, (in adultissimis) evanescente ac ostendente solum lineam pallidiorem; — rugis dorsalibus tenuibus, elongatis; — pede sordide albidulo; margine pedis præsertim ad partem posteriorem valde dilatata, lineolis obscuris vix perspicuis fimbriata; clypeo granuloso griseo-nigrescente, fere rotundato, collum obtegente, antice posticeque rotundato.

Animal large, un peu cylindrique, comme écrasé et épaté, aussi large à la partie antérieure qu'à la postérieure et orné d'une arête carénante qui se prolonge sur le dos du port muqueux au bouclier; corps d'un gris blanchâtre sale, noirâtre sur le dos et offrant, sur les flancs, une zonule également noirâtre, dont les bords sont vaguement définis. Carène dorsale forte, aiguë et proéminente, chez les jeunes individus, mais finissant par s'effacer chez les vieux, à ce point qu'il ne reste plus, à sa place, qu'une linéole plus pâle, un tant soit peu proéminente; — rides dorsales délicates, allongées; pied d'un blanc sale, à bords frangés par de petites linéoles grisâtres, larges et surtout développés à la partie postérieure, recouverts en partie par un petit mamelon saillant qui forme la postérieure de la carène dorsale.— Appendice de la glande de forme triangulaire; — orifice pulmonaire antérieur échancrant fortement le bouclier; — bouclier de même teinte que le reste du corps, granuleux, presque rond, surtout lorsque l'animal est contracté, arrondi en avant et en arrière, et situé assez en avant pour recouvrir, presque entièrement, le cou ; — tentacules supérieurs délicats, peu allongés,— les inférieurs très-exigus.

Longueur de l'animal en marche, 40 mill.

Cette espèce habite le bois de Meudon sous les feuilles et sur le corps des arbres, — les environs de Sèvres sous les pierres. — Cette nouvelle espèce, que nous dédions à notre ami M. Bourguignat, paraît être une espèce d'hiver.

Lorsqu'il a séjourné quelque temps dans l'alcool, cet arion se contracte, surtout, dans le sens de sa largeur ; il semble alors presque cylindrique, et ne paraît plus large et épaté comme à l'état vivant. Sa coloration, également, change un peu. Les bandes noirâtres des côtés se foncent et sont plus définies; la carène est moins accentuée, etc.

GEOMALACUS.

L'année dernière, nous avons appelé l'attention des malacologistes sur la présence, en France, du genre Geomalacus, et signalé l'existence de quatre espàces, dans nos contrées.

Nous trouvons, dans un récent catalogue des Mollusques de la Côte-d'Or, la description d'une cinquième espèce, le *G. hiemalis.*

Les caractères assignés à ce Geomalacus nous font croire à son identité avec le *Bourguignati.* Sa coloration est à peu près la même que celle de notre espèce. Les tubercules saillants, arrondis, globuleux de l'*hiemalis* se retrouvent également chez le *Bourguignati.* L'époque d'apparition des deux espèces, leur taille, la coloration identique de leur pied, sont encore autant de caractères qui nous engagent à les réunir.

LIMACIDÆ

Du genre Krynickillus.

Ce genre a été établi par Kaleniezenko, en 1851, pour des Limaciens dont le bouclier, seulement, adhérent à la partie postérieure, offre une partie antérieure très-développée, libre et mobile. Chez ces animaux, l'orifice pulmonaire est très-postérieur ; le bouclier est tantôt simplement chagriné, tantôt orné de striations de deux ordres : les unes, antérieures et transverses ; les autres, postérieures et concentriques.

Ce genre comprend sept espèces spéciales à la Crimée, et quatre répandues tant en France qu'en Algérie et en Portugal ; il se divise en deux groupes : espèces à bouclier chagriné (*malino*) ; espèces à bouclier strié (*malinastrum*).

Ces dernières sont :

1° Malino.

Krynickillus lombricoides, Bourguignat (*Limax lombricoides*, Morelet, Moll. Portugal, 1845).

— *Brondelianus*, Bourguignat, Mal. Algérie, 1864.

— *brunneus*, J. Mabille (*Limax brunneus*, Draparnaud, Tabl. moll., 1801).

2° Malinastrum.

Krynickillus subsaxanus, Bourguignat, Mal. Algérie, 1864.
— *cyrniacus*, J. Mabille, Arch. mal., mars 1868.

Le *Kryn. brunneus* a souvent été mentionné par les auteurs français : il habite presque toutes les contrées de notre pays. Tout récemment, sous la dénomination erronée de *Limax arenarius*, M. Gassies a donné une bonne description de cette espèce. Voici, du reste, la synonymie et les diagnoses de nos deux espèces françaises.

KRYNICKILLUS BRUNNEUS.

Limax brunneus, Draparnaud, *Tabl. Moll.*, p. 104, 1801.
— — Draparnaud, *Hist. Moll. France*, p. 128, 1805.
— *parvulus*, Normand, *Descrip. Lim. nouv.*, p. 8, 1852.
— *arenarius*, Gassies, *Act. Soc. Lin. Bordeaux*, p. 117, pl. I, fig. 1 (*mauvaise*), 1867.

Animal : corpore gracili, cylindraceo, supra convexo, postice anticeque attenuato, obsolete rugoso-nigrescente, immaculato; — clypeo maximo, ovato-elongato, extremitatibus rotundato; postice gibboso, concentrice striatulo et longitudinaliter rugosiusculo, antice transverse sulcato, obscure nigro-rufescente et sub lente exiguis maculis fuscis adsperso; capite tentaculisque aterrimis; — collo subcarinato; — tentaculis superioribus parum elongatis, tuberculis nigris ornatis.

Animal d'un brun noirâtre en dessus et en dessous, vif

et peu timide, cylindrique, bien convexe ; en dessus, un peu renflé vers sa partie médiane, atténué aux deux extrémités et comme tronqué postérieurement. Partie dorsale couverte de rides longitudinales peu apparentes, presque entièrement effacées lorsque l'animal a pris toute son extension. Bouclier ovale-allongé, grand, gibbeux en arrière, strié transversalement en cette partie et obscurément chagriné, orné antérieurement de rides transverses en forme de bourrelets. Tête très-noire. Tentacules de la même couleur, les supérieurs gros, épais à la base, courts, cylindriques, brusquement atténués vers le sommet; les inférieurs, réduits à un simple bouton. Plan locomoteur plus étroit que le corps, mais non débordé par lui, lisse en dessous.

Cette espèce vit dans les lieux très-humides, aux bords des rivières et dans les marais. Elle est assez abondante dans les environs de Paris.

KRYNICKILLUS CYRNIACUS.

Animal : corpore elongato, subcylindrico, supra parum convexo, antice ventricoso, postice paululum acuto, rufescente aut ferrugineo-nigrescente; — dorso sublævigato, ad marginem corporis rugis obliteratis ornato; — pede flavicante; — clypeo magno, subgibboso, ovali, subgranuloso, rufescente, antice subrotundato, postice paululum emarginato; tentaculis superioribus elongatis, nigrescentibus.

Animal de taille moyenne, atténué et cependant un peu élargi en arrière, faiblement bombé en dessus, d'un roux noirâtre uniforme ; partie dorsale à peu près lisse, offrant vers les bords du pied quelques sillons obliques. Tête et cou plus foncés que le corps ; ce dernier couvert de tubercules arrondis, peu élevés, assez saillants. Pied jaunâtre; marge du pied séparée du corps par un sillon assez apparent, au-dessus duquel se trouve une bande longitudinale de points noirs; tentacules peu allongés, noirs.

Limacelle ovale, bombée, forte, épaisse, sans stries d'accroissement, mais à granulations nombreuses.

Longueur de l'animal, 38 à 45 millimètres.

Habite les environs de Bastia, en Corse.

LIMACIDÆ.

LALLEMANTIA.

Animal corpore nudo, elongato, compresso, elevato; supra sulcis rugisque obliquis subparallelis (*e carina ad marginem corporis*) ornato, ac carina elevata, secante, munito, antice posticeque attenuato; — clypeo oblongo, rugoso, ad mediam circiter partem corporis sito, extremitatibus rotundato, — medio duplicato, — orificio cavitatis pulmonaris dextrorso medioque; — capite parvo; — tentaculis 4 superioribus, elongatis, cylindraceis; apice inflato ac valde subgloboso; inferioribus conico-cylindraceis, majusculis; — pede angusto, subtus rugis obliquis ornato.

Animal de taille moyenne, allongé, comprimé, très-convexe en dessus, plan en dessous, atténué antérieurement; partie dorsale couverte de rides obliques, presque parallèles, formant de longs sillons peu élevés partant de la carène et venant se terminer vers la marge du corps, pourvue d'une carène forte, élevée, tranchante, s'étendant de la queue au bouclier; bouclier rugueux, sans trace de stries, placé presque au milieu du corps, offrant, dans sa partie *centrale, une forte gibbosité simulant un second bouclier*, sous lequel se trouve la limacelle. Tête assez petite non distincte du corps; tentacules 4, les supérieurs allongés, gros, brusquement renflés à leur sommet en un fort bouton subglobuleux et oculé; les inférieurs assez petits, conico-cylindriques; plan locomoteur étroit, à bords peu apparents, orné, en dessous, de sillons obliques.

Ce nouveau genre, que nous établissons sous le nom de *Lallemantia*, en l'honneur de M. Lallemant, auquel nous devons la connaissance de plusieurs espèces intéressantes de l'Algérie, n'a encore été observé que dans les îles Canaries. Il comprend l'espèce suivante :

LALLEMANTIA POLYPTYELA.

Limax carenata, *d'Orbigny*, Moll. Canaries, p. 47, pl. III, fig. 4, 5, 6, 8, 1839.

— polyptyelus, *Bourguignat*, Aménités malacologiques, t. II, p. 143, 1859.

Animal d'un gris blanc, un peu plus foncé près de la carène, allongé, comprimé, rugueux.

Limacelle ovale, déprimée et amincie vers les bords.

Habite les lieux humides à Santa Cruz de Ténériffe.

MILAX ATRATUS.

Limax agrestis (pars), *Morelet*, Moll. Portugal, p. 34, 1845.

Cette espèce ne peut être confondue qu'avec les Milax gagates (1) et scaptobius (2).

(1) *Limax gagates*, Drap., *Table Moll.*, 1801. — *Milax gagates*, Bourg., *Moll. Quatre Cantons*, p. 13, 1862.

(2) *Limax scaptobius*, Bourguignat, *Spicil. malac.*, p. 43. — *Milax scaptobius*, Bourg., *Malac. Alg.*, 1864.

On la séparera du gagates à sa petite taille, à sa carène moins prononcée, à l'absence des tubercules qui ornent souvent les flancs du gagates; enfin à son corps très-grêle et effilé.

Le scaptobius diffère de l'atratus par sa forte carène blanche, par son corps d'un gris un peu blanchâtre, son pied d'un blanc sale et les mouchetures de son bouclier.

On pourrait encore confondre, à première vue, notre espèce avec le Limax nyctelius(1); on le distinguera de ce dernier à son corps effilé, grêle, pourvu d'une carène aiguë; à sa cuirasse finement chagrinée, à son mucus incolore.

L'atratus est encore voisin du Milax Valentianus (2), mais la grande taille de ce dernier, sa coloration brun rouge, ses taches jaunes et les bandes noires qui ornent son bouclier et sa partie dorsale l'en séparent nettement.

Le Milax atratus habite le Portugal.

LIMAX BÆTICUS.

Limax variegatus, *Morelet*, Moll. Portugal, p. 34, 1845.

Cette belle espèce diffère du *variegatus* (3) par sa petite taille (5 à 6 centimètres), sa coloration d'un jaune vif, ses tentacules d'un bleu-violet, ses linéoles verdâtres, enfin

(1) *Limax nyctelius*, Bourguignat, *Spicil. malac.*, p. 41, pl. II, f. 3-4, 1861, espèce d'Algérie.

(2) *Limax Valentianus*, Férussac, *Hist. Moll.*, p. 96 E, pl. VIII, f. 5-6, 1823.

(3) Non *Limax variegatus*, Draparnaud, *Tabl. Moll.* (1801); espèce toute différente.

par l'absence des taches qui couvrent tout le corps du variegatus.

On séparera le Limax Companyoi (1) du Bæticus à sa grande taille, à son bouclier fortement rostré à sa partie postérieure, et aux nombreuses taches cendrées qui ornent sa partie dorsale.

Cette espèce est encore voisine du Limax Deshayesi (2), dont elle se distingue à sa petite taille et à ses linéoles verdâtres, tandis que, chez le Deshayesi, le corps et le bouclier, d'un beau jaune, sont ornés de larges taches cendrées.

Le Limax Bæticus habite le Portugal.

(1) *Limax Companyoi*, Bourg., *Moll. nouv.*, etc., p. 25, pl. VII, f. 9, 1863.

(2) *Limax Deshayesi*, Bourguignat, *Spicil. malac.*, p. 37, pl. I, f. 1-2. (*Limax cinereus* de Forbes et de Morelet, *Moll. Alg.*, 1853 et 1855.)

ZONITES DUTAILLYANUS.

Zonites Dutaillyanus, J. Mabille, mss. 1867.

Testa profunde umbilicata, depressa, diaphana, nitida, pallide cornea, fragili, sub lente obsolete striato-costulata (striis subobsoletis); spira depressa, subconvexiuscula; — apice obtuso, minuto, lævigato; — anfractibus 4-5, depresso-convexiusculis (primi regulariter, ac lente, ultimus celeriter) crescentibus, sutura impressa separatis; — ultimo maximo, tectiformi, antice subrecto; — apertura vix obliqua, auguste oblonga; — peristomate recto, acuto, marginibus paululum approximatis.

Coquille fragile, mince, presque diaphane, brillante, d'un corné pâle, ornée de stries un peu espacées, peu visibles, même avec le secours d'une loupe. Perforation ombilicale profonde et assez large; spire déprimée, à peine convexe; sommet petit, très-obtus, lisse. 4 à 5 tours de spire, dont les premiers croissent lentement et régulièrement, tandis que le dernier forme la majeure partie de la coquille;—suture très-apparente et ornée de petites striations ponctiformes; le dernier tour très-grand, déprimé en forme de toit, est presque droit antérieurement et non descendant vers l'ouverture. Ouverture à peine oblique, étroitement oblongue. Péristome droit aigu, à bords un peu rapprochés, le columellaire non réfléchi.

Cette espèce se distingue du *Zon. nitens* (1), avec lequel elle a été confondue par sa taille beaucoup plus petite, son dernier tour plus renflé, moins dilaté à sa terminaison; l'ensemble de sa spire, plus déprimée, à peine convexe, tandis que, chez le *nitens*, la spire est convexe obtuse, presque mamelonnée.

Le *Zonites Dutaillyanus* habite les parties fraîches des montagnes du Jura, de la Suisse, etc.

(1) *Helix nitens*, Gmel., *Syst. nat.*, 1789. — *Zonites nitens*, Bourguignat, *Cat. coq. Orient.*, 1853.

Paris. — Imprimerie de Mme Ve Bouchard-Huzard, rue de l'Éperon, 5.

QUATRIÈME FASCICULE.

Paris. — 1er Février. — 1869.

IV.

Supplément à la faune corse.

PALUDINIDÆ.

AMNICOLA CYRNIACA.

Amnicola cyrniaca, Jules Mabille, mss.

Testa subperforata, obesa, subpellucida, sat fragili, luteo-virescente, limo rubiginoso plerumque inquinata ac dum vivit incola, nigra; sub lente striis obsoletis subramosis ornata; spira subconica, apice obtusiusculo. Anfr. 4, 4 1/2 convexis, ad suturam profundam planulatis, ultimo magno, convexo, dimidiam partem altitudinis testæ superante, vel subæquante, apertura subobliqua, anguste ovata, angulo superiore, subacuto. Peristomate continuo, subrecto, simplici, margine columellari paululum crassiusculo, reflexo, luteolo. — Operculo in apertura sat immerso, nitidiusculo, luteo, tenero, subdiaphano, striis spiralibus obscure ornato. — Alt. 3 1/2-4 1/2 mill.; diam., 2 1/2 mill.

Habitat in rivulis prope *Bastia Corsicæ*, ubi detexit frater amicissimus, Paul Mabille.

Coquille conique-ovale, un peu courte et obèse, subpellucide, un peu fragile, de couleur jaune verdâtre, souvent salie par une incrustation limoneuse rougeâtre; noire pendant la vie de l'animal, et ornée de quelques striations un peu effacées, un peu rameuses, visibles seulement à la loupe. Spire subconique; sommet faiblement obtus. 4 à 4 1/2 tours convexes, aplatis vers la suture de la même façon que ceux du Paludina Listeri, séparés par une suture très-profonde. Dernier tour grand, ventru, convexe, égalant environ ou dépassant faiblement la moitié de la longueur totale de la coquille. Ouverture un peu oblique, étroitement ovale, à angle supérieur marqué. Péristome continu, presque droit, simple; marge columellaire un peu plus épaisse, réfléchie, jaunâtre.

Cette espèce ne peut être confondue qu'avec l'*Amnicola luteola*, Bourguignat, espèce d'Algérie. On distinguera notre espèce de cette dernière, à sa taille un peu plus forte, à sa perforation ombilicale à peine apparente, à ses stries fines, rameuses, à son test plus fragile, à son ouverture un peu oblique et non droite.

PALUDINELLA GAUDEFROYI.

Paludinella Gaudefroyi, Jules Mabille, mss.

Testa subrimata, oblonga, parvula, lævigata, diaphana, pallide luteola ac limo inquinata, striis confertis, regulariter dispositis, ornata; spira obtusa, apice obtusissimo; anfr. 4-5 rapidiore crescentibus (primi minimi, cæteri majusculi), planato-convexiusculis, sutura profunda separatis. Apertura paululum obliqua, ovata, superne acutiuscula, inferne rotundata, intus pallide luteola. Peristomate subacuto, continuo, simplici, subincrassato ac nigro limbato margine columellari nigrescente. Operculo..... *ignoto*. — Haut.

2 1/2-3 mill.; larg., 1-1 1/2 mill. Amico nostro Cl. E. Gaudrefroy, istam pulchram speciem lectam ad *Bastelica Corsicæ*, a fratre amic. Paul Mabille, dicamus.

Coquille à peine perforée, oblongue, de très-petite taille, lisse, diaphane, d'un jaune pâle, et presque toujours couverte de limon ; ornée de stries serrées et régulières. Spire obèse; sommet très-obtus. 4 à 5 tours de spire, à croissance assez rapide et peu régulière; les premiers petits, les derniers plus grands, un peu déprimés, convexes, séparés par une suture profonde. Ouverture un peu oblique, ovale, aiguë supérieurement, arrondie à la base, faiblement jaunâtre intérieurement. Péristome peu aigu continu, à peine épaissi et bordé de noir.

CYCLOSTOMIDÆ.

POMATIAS CYRNIACUS.

Pomatias cyrniacus, Jules Mabille, mss.

Testa obtecte perforata, turrito-conica, paululum ad basin inflata, corneo-pallidula, subpellucida, fragili ; spira sat elata ; apice obtuso mamillato, lævigato, luteolo. Anfr. 7-7 1/2 rotundatis, oculo nudo lævigatis, sub lente striis costulæformibus æquidistantibus paululum obliquis ornatis, sutura profunda separatis. Apertura rotundata, supra subangulata ; peristomate tenui, fimbriato, bilabiato, continuo, subplano, albescente; margine columellari auriculato. — Haut., 5-6 mill.; diam., 3-3 1/2 mill.

Habitat prope *Biguglia Corsicæ,* ubi detexit frater, Paul Mabille.

Coquille conique-turriculée, un peu enflée à la base, d'un corné pâle, subpellucide, mince, un peu fragile, et pourvue d'une perforation ombilicale très-étroite, comme cachée par le rebord columellaire. Spire un peu élevée à sommet obtus, mamelonné, lisse et jaunâtre. 7 à 7 1/2 tours arrondis, lisses à première vue, mais ornés, sous le foyer d'une forte loupe, de stries simulant de petites côtes également espacées et un peu obliques, séparés par une suture profonde. Ouverture arrondie, anguleuse supérieurement. Péristome mince, frangé, double, continu et presque plan, de couleur blanchâtre; bord columellaire faiblement mais distinctement auriculé.

Parmi les Pomatias français, cette espèce ne peut être confondue qu'avec les P. patulus (1) et sabaudinus (2).

On la séparera du patulus à sa taille plus petite, sa coloration différente, sa coquille plus grêle, plus atténuée au sommet, plus fragile, son ouverture plus étroite, frangée, son péristome plus mince, plus nettement auriculé, etc. Le sabaudinus en diffère par sa coquille lisse, sa coloration, ses bandes, la forme de son ouverture et de son péristome.

POMATIAS ENHALIUS.

Pomatias enhalius, Jules Mabille, mss.

Testa subimperforata, conico-turrita, subopaca, sat tenera, subfragili, corneo-rufa, ad basin subdilatata; spira elato-acuminata, apice obtuso, submamillato, lævigato, luteolo. — Anfr. 8-9 convexo subrotundatis, primis luteis, medio lævigatis, ad suturam costulatis; cæteris lamellis parum perspicuis obliquis, paululum sinuosis, æquidistantibus ac zonula media obsolete castanea, ornatis; ultimo ob-

(1) *Pomatias patulus*, L. Pfeiffer, *in Zeitsch. f. Mal.*, p. 110, 1847. *Cyclostoma patulum*, Draparnaud, *Tabl. Moll.*, p. 39, 1801.

(2) *Pomatias sabaudinus*, Bourguignat, *Mal.*, Aix-les-Bains, p. 64, pl. II, f. 11-14, 1864.

scure sublamellato ac 1-3 costis variculas efformantibus munito, obscureque subcarinato. Apertura oblique rotundata; peristomate bilabiato, fragili, continuo, patulo, margine columellari auriculato. — Haut., 8 mill.; diam., 3 mill.

Coquille pourvue d'une perforation ombilicale très-étroite, conique-turriculée, un peu opaque et un peu mince, assez fragile; d'un corné rougeâtre; faiblement dilatée à la base. Spire élevée acuminée; sommet obtus, faiblement mamelonné, lisse et jaunâtre. 8 à 9 tours convexes un peu arrondis, dont les premiers, jaunes, lisses en leur milieu, sont ornés, vers la suture, de petites côtes, tandis que les autres sont entièrement couverts de petites lamelles peu apparentes, obliques, un peu sinueuses, également espacées, et offrent, à leur partie médiane, une zonule d'un brun rouge faiblement marquée. Dernier tour très-obscurément côtelé et orné de 1 à 3 stries assez fortes en forme de varices; très-faiblement caréné. Ouverture obliquement arrondie. Péristome double, continu, mince, évasé; bord columellaire auriculé.

Cette espèce ne peut être confondue qu'avec la précédente. Sa taille plus grande, sa coquille plus solide, la forme de ses tours de spire suffiront toujours à la faire distinguer.

LIMNÆADEÆ.

LIMNÆA CYRNIACA.

Limnæa cyrniaca, Jules Mabille, mss.

Testa anguste ovato-elongata, nitidiuscula, griseo-fusca, argutissime striatula, tenera, fragili, subopaca; spira brevi; apice minutissimo, subobtuso. Anfractibus 4 (primus ac secundus exigui, regulariter, tertius majusculus, rotundato-inflatus, celeriter) crescentibus, sutura profunda separatis. Ultimo maximo subcoarctato ac superne oblique inflato, 2/3 longitudinis testæ fere æquante vel superante. Apertura oblongo-ovata, angulo aperturali superiori acuto. Columella torta, canalifera, usque ad basin aperturæ subrecta. Peristomate recto, acuto-maginibus callo tenero, carneo, junctis. — Haut., 14-15 mill.; diam., 18 1/2-21 mill.

Coquille étroitement ovale-allongée, un peu brillante, d'un gris fauve, ornée de stries serrées et peu apparentes; assez mince, fragile, peu transparente. Spire courte, à sommet petit et un peu obtus. 4 tours de spire à croissance irrégulière; lente chez les deux premiers, qui sont très-petits, elle devient rapide à partir du troisième; celui-ci est un peu grand, arrondi, enflé. Dernier tour très-grand, un peu resserré et obliquement ventru à sa face supérieure, égalant environ ou dépassant faiblement les deux tiers de la hauteur totale de la coquille. Ouverture ovale-oblongue à angle supérieur aigu; columelle tordue.

Cette espèce ne peut être confondue qu'avec la *Limnæa peregra*. On la distinguera tout d'abord de cette espèce à sa spire courte, obèse, obtuse; à sa suture profonde. Son dernier tour proportionnellement plus étroit, sa columelle moins tordue, etc.

La Limnæa cyrniaca a été recueillie aux environs de Biguglia, où elle paraît ne pas être fort rare.

LIMACIDÆ.

MILAX BARBARUS.

Milax barbarus, Jules Mabille, mss.

Animal corpore mediocri, elongato, carinato, postice anticeque paululum attenuato, supra tectiformi, nigrescente, ad latera pallidiore, carina rubella, acuta, munito; rugis dorsalibus obliquis striis transversis, tuberculis minimis maculisque luteolis undique sparsis, quandoque confluentibus, ornata. Pede cærulescente ad latera rubello margine pedis angusto, griseo, punctis ac lineolis nigris munito. — Capite parvo; tentaculis nigris, superioribus tenerrimis, cylindraceis, inferioribus exiguis. Clypeo majusculo, bipartito, oblongo, antice rotundato, postice emarginato ad originem carinæ; tuberculis minimis confertis ac punctis luteolis munito. — Long., 40 à 50 mill.

Habitat prope *Bastia*, ad locum dictum *Cardo*, sub lapidibus, ubi legit frater amicissimus, Paul Mabille.

Animal de taille moyenne, allongé, très-convexe en dessus et un peu en forme de toit, faiblement atténué aux deux extrémités, un peu obtus postérieurement, et orné d'une carène rougeâtre prenant naissance à l'extrémité postérieure de la cuirasse; carène très-forte, très-apparente quand l'animal est contracté; ridée, et un peu moins accusée dans l'extension. Partie dorsale couverte de sillons longitudinaux un peu obliques, peu élevés, peu apparents, à peine interrompus par d'autres rides transverses; les sillons couverts de tubercules très-fins et de petits points jaunes, réunis ou non, et simulant des taches; côtés du corps plus pâles. Tête petite, noirâtre; tentacules de même couleur; les supérieurs délicats, cylindriques, les inférieurs rudimentaires. Bouclier assez grand, oblong, nettement séparé en deux par un sillon noirâtre et assez profond; arrondi et atténué en avant, émarginé en arrière vers la naissance de la carène; couvert de tubercules fins et serrés, et de points jaunes de la même manière que le corps; second bouclier ovale-allongé, arrondi et atténué en avant, obtus et tronqué en arrière. Plan locomoteur peu distinct du corps, à marge étroite grisâtre, marquée de quelques points et linéoles noirs, et débordant faiblement le corps vers la partie caudale. Dessous du pied jaunâtre, couvert, sur les bords, de petits points rouges très-serrés. Partie médiane bleuâtre.

Ce nouveau Milax se rapproche du Milax gagates (1); on l'en séparera par sa carène rouge, son pied bicolore, et les nombreux tubercules qui couvrent son corps et son bouclier.

TESTACELLA SIMONIANA.

Testacella Simoniana, Jules Mabille, mss.

Testa ovato-subtrigonali, pellucida, supra corneo-lutescente, complanata, infra vitracea, planata, costulis concentricis, ad marginem columellarem præsertim conspicuis, munita ac striis minimis confertis ornata. Anfr. unico; columella arcuata, ad basin subtruncata, margine externo acuto. — Haut., 5 mill.; diam., 3 mill.

Cette espèce, que nous dédions à notre ami M. de Saint-Simon, de Toulouse, habite sous les pierres aux environs de Bastia.

Coquille ovale, subtrigone, pellucide, non brillante, aplatie en dessus, d'un corné faiblement jaunâtre, ornée de stries concentriques très-fines, visibles seulement sous le foyer d'une forte loupe, et de côtes squamiformes régulièrement espacées seulement vers le bord columellaire, mais dont 4-5 environ sont prolongées jusqu'au bord externe; plate en dessous, vitracée et très-faiblement ponctuée. Sommet lisse, obtus, un peu recourbé, à peine séparé du test. Un seul tour de spire; columelle arquée, subtronquée à la base; bord externe aplati et tranchant.

Cette espèce est voisine du Testacella drimonia (2), dont elle diffère par sa forme plus ovale, moins trigone,

(1) *Milax gagates*, Bourguignat, *Mal.*, Quatre-Cantons, p. 13, 1862. *Limax gagates*, Draparnaud, *Tabl Moll.*, 1801.

(2) *Testacella drimonia*, Bourguignat, *Spicil. mal.*, p. 58, pl. XIII, f. 10-13, espèce de l'Italie méridionale.

ses stries moins apparentes, son sommet à peine séparé, tandis que le sommet, chez la *drimonia*, est séparé de la coquille par un espace parfaitement appréciable, etc.

HELICIDÆ.

PARS PRIMA.

ZONITES AMBLYOPUS.

Zonites amblyopus, Bourguignat in Sched.

Testa depressa, perforata, subdiaphana, parum fragili, nitente, supra vix convexiuscula, pallide cornea, subtus paululum lactescente, argutissime striatula præsertim ad suturam. Spira vix convexiuscula, apice obscuro, non striato, obtuso, punctato. — Anfractibus 6-6 1/2 parum convexis, ac regulariter (primi sublente, cæteri celerius), crescentibus, sutura impressa separatis. Ultimo magno supra rotundato, compresso, subtus subinflato, ad aperturam subdilatato ac non descendente, apertura obliqua, ovato-subrotundata; peristomate simplici, recto, acuto. — Diam., 17 mill.; haut., 6 mill.

Habitat *in Corsica*.

Coquille déprimée, assez étroitement ombiliquée, un peu transparente, peu fragile, brillante, à peine convexe en dessus et d'un corné pâle, légèrement blanchâtre en dessous, très-finement ornée de stries serrées, visibles surtout auprès de la suture. Spire à peine convexe; sommet brunâtre, obtus, non strié, mais ponctué. 6 à 6 1/2 tours de spire peu convexes, à croissance presque régulière. D'abord lente chez les premiers, elle devient plus rapide chez les derniers, qui prennent un accroissement assez considérable. Suture marquée. Dernier tour grand, faiblement comprimé, arrondi, comprimé en dessus, un peu renflé en dessous, faiblement dilaté à sa terminaison, mais non descendant. Ouverture oblique, ovale-subarrondie. Péristome simple, droit, aigu.

Cette espèce habite la Corse, mais nous ne pouvons indiquer exactement sa station. D'après sa forme et ses caractères, nous pensons qu'elle doit provenir des localités fraîches et humides du centre de l'île.

ZONITES LATHYRI.

Zonites Lathyri, Jules Mabille, mss.

Testa umbilicata, planato-depressa, subdiaphana, sat fragili, nitidula, supra pallide corneo-rufescente, subtus corneo-albescente, ac sub lente striis subæquidistantibus, costulis efformantibus, præsertim ad suturam, ornata. Spira planata, quandoque subconvexiuscula, apice minuto, obtuso, nitidulo, quandoque vix prominulo. — Anfractibus 5-6 convexo-rotundatis, irregulariter (primi constricti lente ac regulariter, cæteri rapide) crescentibus, sutura impressa separatis. Ultimo maximo, supra subconvexo-depresso, subtus subcompresso, obscure subcarinulato, ad aperturam paululum dilatato, ac non descendente. Apertura lunata, oblique ovata; peristomate simplici, recto, acuto. — Diam., 15-17 mill.; haut., 5-5 1/2 mill. In insula Cyrniaca ad *Bastiam*, loco dicto *Toga*, hanc pulchram speciem legit frater amicissimus, Paul Mabille.

Coquille pourvue d'une perforation ombilicale assez large, déprimée et presque aplatie en dessus, un peu transparente, assez fragile, peu brillante, d'un corné roux, blanchâtre en dessous, surtout dans la région ombilicale, et ornée de striations en forme de petites côtes, surtout auprès de la suture, très-visibles sous le foyer d'une forte loupe, et paraissant alors également espacées. Spire aplatie, rarement un peu convexe, à sommet petit, obtus, un peu brillant, quelquefois à peine proéminent. 5 à 6 tours de spire, convexes, arrondis, à croissance irrégulière, lente, presque régulière chez les premiers, qui semblent resserrés, elle devient très-rapide chez les derniers. Suture marquée. Dernier tour très-grand, subconvexe, déprimé en dessus, faiblement comprimé en dessous, offrant, en son pourtour, un très-faible sentiment de carène, un peu dilaté à sa terminaison, mais non ascendant; ouverture échancrée, obliquement ovale; Péristome simple, droit, aigu.

Cette espèce a été également recueillie à l'état fossile dans le diluvium quaternaire de Toga; chez les individus de cette dernière provenance comme chez les individus du Zonites tropidophorus de la même localité, les stries sont beaucoup plus effacées, moins apparentes que chez les individus vivants.

ZONITES TROPIDOPHORUS.

Zonites tropidophorus, J. Mabille, mss.

Testa late umbilicata, depressa, in junioribus corneo-subrufula, fragillima pellucidaque, nitida, in adultis subdiaphana, solidiuscula, corneo-rufescente, striis irregularibus sat conspicuis præsertim ad suturam, ornata. Spira planiuscula; apice minuto, obtuso, lævigato, nitidulo; anfractibus 5-5 1/2 subdepresso-convexis, irregulariter (primi minuti constricti lente ac regulariter, cæteri celerrime) crescentibus, sutura impressa separatis. Ultimo amplissimo, supra subconvexo, ad peripheriam paululum depresso ac subcarinato, ad aperturam non descendente, subdilatatoque. Apertura lunata, obliqua, ovato-subrotundata. Peristomate acuto, recto, simplici. — Diam., 19-20 mill.; haut., 3 1/2-4 mill.

Habitat in Corsica prope *Bastia*, præsertim ad locum dictum *Toga*, ubi legit frater Paul Mabille.

Coquille largement ombiliquée, déprimée, très-fragile, pellucide, brillante et d'un corné fauve dans le jeune âge, un peu solide, roussâtre à l'état adulte; ornée de stries un peu espacées, apparentes surtout vers la suture. Spire un peu plane, à sommet petit, obtus, lisse et un peu brillant. 5 à 6 tours de spire peu convexes à croissance très-irrégulière; lente chez les premiers qui sont petits et resserrés, elle prend chez les derniers une marche très-rapide; suture marquée; dernier tour très-ample, peu convexe en dessus, faiblement aplati vers son pourtour, obscurément caréné et un peu dilaté, mais non descendant vers l'ouverture; ouverture échancrée, obliquement ovale-arrondie. Péristome droit, aigu, non épaissi.

Cette espèce habite les lieux humides des environs de Bastia, en Corse; elle a été également recueillie dans les couches du diluvium quaternaire de Toga. Ces derniers individus offrent une striation moins prononcée et moins apparente que les vivants.

HELIX VITTALACCIACA.

Helix Vittalacciaca, J. Mabille, mss.

Testa subobtecte profunde umbilicata, depressa, supra vix convexiuscula, infra subcompresso-rotundata, solida, opaca, eleganter striatula, sub epidermide fusco vel rufo-olivaceo albida, ac tribus zonulis castaneis ornata; spira compressa, parum convexiuscula; apice fulvo, sublævigato. Anfractibus, 4-4 1/2 irregulariter (primi sublente ac regulariter, cæteri rapidissime) crescentibus, sutura sat impressa separatis. Ultimo maximo, subrotundato compresso, ad aperturam paululum inflato ac subito rapideque descendente; apertura obliqua, subanguste ovata, lunata, infra rotundata. — Peristomate acuto, vix deflexo, paululum incrassato, margine columellari dilatato ac planulato, umbilicum subobtegente; marginibus subapproximatis callo tenui junctis. — Diam., 30-31 mill.; haut., 12-13 mill.

Habitat in monte Renoso cyrniaco, ad stagnum *Vittalacca* dictum.

Coquille déprimée, pourvue d'une perforation ombilicale assez large et profonde, un peu recouverte par une callosité du bord columellaire, à peine convexe en dessus, un peu comprimée en dessous, solide, opaque, élégamment ornée, sous un épiderme fauve ou d'un brun olivâtre, de stries et de bandes brunes. Spire comprimée, un peu convexe, à sommet fauve, presque lisse, obtus. 4 à 4 1/2 tours de spire à croissance irrégulière; presque lente et régulière chez les premiers, elle devient très-rapide chez les derniers. Suture marquée; dernier tour grand, comprimé, arrondi, un peu enflé vers l'ouverture, à descendance subite et rapide ; ouverture oblique, assez étroitement ovale, échancrée, arrondie à sa base. Péristome aigu, à peine réfléchi, un peu épaissi. Bord columellaire dilaté et aplati, recouvrant une partie de l'ombilic et réuni au bord externe par une faible callosité.

Cette Hélice habite le monte Renoso vers le lac Vittalacca; cette nouvelle Hélice appartient au groupe de l'Helix Raispaili; elle diffère de cette dernière par la présence d'un ombilic, par sa spire plus élevée, ses tours à croissance moins rapide et plus régulière, par le développement moindre de son dernier tour; de la *Brocardiana*, par son ombilic, sa spire moins élevée, son sommet plus petit, la forme toute particulière de son bord columellaire, etc.

Les espèces de ce groupe actuellement constatées en Corse sont au nombre de cinq, savoir :

Helix Brocardiana, *Dutailly*, Descript. espèces nouv. groupe H. Raspaili, p. 2, 1er février 1867, et in Revue et mag. zool., t. XIX, p. 96, mars 1867.

Helix insularis, *Crosse et Debeaux*, in Journ. Conch., 3e série, t. IX, vol. XVII, p. 51, pl. XI, f. 3, février 1869.

Habite le Pigno, Corte; fossile du diluvium quaternaire de Toga.

Helix Raspaili, *Payraudeau,* Cat. Moll. Corse, p. 102, pl. v, f. 7-8, 1826.

Habite le Pigno, et les monte Cagno, monte d'Oro, Corte, Olmeto et les parties septentrionales de la Sardaigne, suivant Cantraine, fossile du diluvium quaternaire de Toga.

Helix Romagnolii, *Dutailly,* Descript. espèces nouv. groupe H. Raspailii, p. 3, 1er février 1867, et Revue et mag. zool., t. XIX, p. 97, mars 1867.

Habite Corte.

Helix Vittalacciaca, dont nous venons de donner la description, espèce du monte Renoso.

Helix omphalophora, *Dutailly,* Descript. espèces nouv., groupe H. Raspaili, p. 5, 1er février 1867, et Revue et mag. zool., t. XIX, p. 99, mars 1867.

Habite les environs de Corte et les monte Coscione, Renoso et Rotundo.

Il existe une autre Hélice, tout à la fois voisine des précédentes, et étroitement alliée à ces formes si répandues en Italie, Sicile, Dalmatie et pays voisins, formes représentées par les *Helix setigera, setosa, Salderiana, Lefeburiana, setipila, comephora, planospira, macrostoma, insubrica,* etc. Cette espèce est là.

Helix cyrniaca, *Dutailly,* Descript. espèces nouv., gr. H. Raspaili, p. 6, 1er février 1867, et Revue et mag. zool., t. XIX, p. 100, mars 1867.

Helix Revelieri, *Debeaux,* Journ. Conch., t. XII, p. 308, pl. VIII, fig. 1 (mauvaise), mars 1867.

Espèce des hautes montagnes de la Corse, et indiquée par M. Debeaux *in rupestribus editis,* au monte Renoso.

L'Helix cyrniaca par l'Helix omphalophora et par la Vittalacciaca réunit le groupe du Raspailii au groupe des Planospira et des Setosa. Cette affinité vient tout naturellement démontrer une fois de plus l'intime connexion de la faune corse avec la faune italienne et, par conséquent, avec les faunes du grand centre alpique.

Les auteurs qui ont traité des mollusques de cette île, Requien, Payraudeau, signalent encore dans ce pays deux autres Hélices, les H. Pouzolzii et planospira; admises par les uns, rejetées par les autres, ces deux espèces ont toujours été un sujet d'étonnement pour ceux qui ont voulu rechercher quelles étaient réellement les formes désignées sous ces deux noms. Moquin-Tandon et ses contemporains n'ont pas admis ces deux Hélices dans la faune corse. Pour quelques-uns de ces auteurs il y avait eu simplement fausse indication d'habitat; pour les autres, erreur de détermination.

Ces deux opinions ne sont pas exactes. Si ces auteurs avaient lu avec un tant soit peu d'attention les travaux de leurs devanciers, ils se seraient aperçus que tout au moins la Pouzolzii faisait double emploi avec la Raspaili. Trouvée, en effet, par le capitaine Pouzolz sur le monte Cagno, l'Helix Raspaili reçut, vers 1822, de Requien, auquel elle fut remise, le nom d'Helix Pouzolzii, en l'honneur de celui qui l'avait découverte. Cette appellation, simple nom de collection, est restée manuscrite. Payraudeau, postérieurement à Requien, recueillit la même espèce et la décrivit sous le nom qu'elle porte aujourd'hui. Ce dernier, mis en relation avec Pouzolz, profita de ses découvertes et de ses communications, et sans contrôler les déterminations de son correspondant, sans se douter que la Pouzolzii indiquée par le capitaine sur le monte Cagno n'était autre que celle qu'il dédiait à M. Raspail, l'inscrivit dans son catalogue. Requien, en publiant, plus tard, ses Mollusques corses, s'étonna de trouver en cette contrée une Hélice qui, géographiquement, n'y pouvait pas vivre ; il crut cependant devoir la conserver, tout en laissant la responsabilité de cette indication à son prédécesseur. La synonymie de l'Helix Raspaili devra donc être ainsi établie à l'avenir.

Helix Raspaili, *Payraudeau*, Cat. Moll. Corse, p. **102**, pl. VIII, f. **7-8, 1826**.

— Raspaili, *Requien*, Cat. coq. Corse, p. **44, 1848**.

— Raspailii (pars), *Moquin-Tandon*, Hist. Moll. France, II, p. **152, 1852**.

— Pouzolzii, *Payraudeau* (non *Deshayes*) (1), Cat. Moll. Corse, p. **102, 1826**.

— Pouzolzii, *Requien* (non *Deshayes*), Cat. coq. Corse, p. **44, 1848**.

Quant à la planospira indiquée par Payraudeau en Corse, et par Requien à Bonifacio, il y a évidemment là une erreur de détermination, et nous croyons que cette espèce doit être rapportée à la cyrniaca.

Nous profitons de cette occasion pour rectifier une singulière erreur de Rossmässler. Cet auteur, en décrivant et en donnant la synonymie de l'Helix Pouzolzii, au lieu de l'attribuer au savant M. Deshayes, l'attribue à un certain Michely, qui, croyons-nous, n'a jamais existé : l'indication de la page, de la planche, de l'année, le titre du recueil, tout est exact. Le nom de l'auteur seul est erroné. Comment le professeur allemand s'y est-il pris pour lire ce nom de Michely, au lieu de celui de M. Deshayes?

(1) *Non Helix Pouzolzii*, Deshayes *in* Guérin, Rev. de zoologie, I, p. 30, pl. XXX, f. 1-3, janvier 1831.

HELIX HALMYRIS.

Helix Halmyris, J. Mabille, mss.

Testa imperforata, subglobosa, supra convexo-conica, infra convexiuscula, solida, opaca, nitidula, sat regulariter ac confertim costulato-striata, griseo-albescente, maculisque castaneis subfulguratis seriatim marmorata, ac subtus zonulis fuscis ornata. Spira convexo-conoidea ; apice lilacino, majusculo, nitido, lævigato ac obtuso, anfractibus 5, subdepresso-rotundatis (primi lente ac regulariter, cæteri rapidiore) crescentibus. Ultimo magno, subdepresso-rotundato, obscure subcarinato, ad aperturam paululum dilatato ac subito deflexo descendenteque. Apertura obliqua, lunata, rotundata. — Diam., 16-18 mill.; haut., 10-11 mill.

Coquille imperforée, subglobuleuse, convexe, conique en dessus, un peu convexe en dessous, solide, opaque, peu brillante, d'un gris blanchâtre, couverte de taches brunes disposées en rangées longitudinales et ornée, en dessous, d'une à deux bandes plus ou moins interrompues; spire convexe, conoïde ; sommet un peu grand, brillant, lisse, obtus, légèrement violâtre. 5 tours de spire, subitement déprimés, arrondis, dont les premiers croissent lentement et régulièrement, et les derniers assez rapidement. Le dernier tour, grand, arrondi, bien que faiblement déprimé, très-obscurément caréné, légèrement dilaté vers l'ouverture et à descendance assez brusque. Ouverture oblique, échancrée. Péristome droit, aigu et tranchant, blanc, avec un faible bourrelet intérieur teinté de rose. Base de la columelle couleur de café brûlé.

Cette jolie espèce habite les environs de Bastia, où elle ne paraît pas être rare. Elle est essentiellement nocturne, et se tient, pendant le jour, cachée dans les interstices des pierres et sous les plantes.

CINQUIÈME FASCICULE.

PARIS. — 1er FÉVRIER. — 1869.

Supplément à la faune corse.

(Suite.)

HELICIDÆ.

PARS SECUNDA.

HELIX JASPIDEA.

Helix jaspidea, Jules Mabille, *Archiv. mal.*, 1, fasc. 11, p. 19, 1er décembre 1867.

Testa imperforata, depressa, supra convexo-conica, infra subinflata, solidiuscula, non nitente, subopaca, eleganter ac tenuissime confertim striata, albido-lutescente, seriatimque maculis distinctis vel confluentibus, fasciisque integris aut interruptis, ornata. Spira convexa, sat elata; apice griseo-albescente, lævigato, subnitidulo, obtuso. — Anfractibus 4-5 parum convexis, ad suturam planulatis, celeriter (primi sublente ac regulariter, cæteri rapide) crescentibus, sutura sat impressa separatis ; ultimo magno, subcompresso-rotundato ac obscure subcarinato, ad aperturam dilatato ac regulariter lenteque descendente. Apertura ovato-quadrata, lunata, intus albido-cærulescente ; peristomate albescente, acuto, intus subincrassato, margine columellari in loco umbilicali, vivide castaneo-rubescente tincto. — Diam., 19 à 23 mill. ; haut., 9 à 11 mill.

Varietas β *marmorellata*. — Testa fragili opaca, striis validioribus, undique maculis rubro-fuscis seriatim, ornata.

Habitat in Corsica, prope *Corte*, ac var. β, prope Bastia, loco dicto *Cardo*, ubi detexit frater amicissimus, Paul Mabille.

Coquille imperforée, déprimée, convexe-conique en dessus, un peu bombée en dessous. Assez solide, peu ou pas brillante, à peine transparente ; élégamment ornée de stries fines, très-serrées ; d'un blanc jaunâtre, et couverte, en outre, de taches parfois séparées, parfois réunies, simulant des bandes, et de fascies au nombre de quatre, dont deux inférieures ; taches et bandes d'un pourpre noir. Spire convexe, un peu élevée ; sommet d'un gris blanchâtre, lisse, un peu brillant, obtus. 4 à 5 tours de spire faiblement convexes, un peu aplatis vers la suture, à croissance peu régulière ; un peu lente chez les premiers, tandis que chez les derniers elle est assez rapide ; suture marquée ; dernier tour grand, arrondi, comprimé et offrant une faible trace de carène ; dilaté vers l'ouverture, à descendance lente et régulière. Ouverture ovale, d'apparence rhomboïdale, oblique, échancrée, d'un blanc bleuâtre à l'intérieur. Péristome blanchâtre, aigu, à peine épaissi ; bord columellaire arqué, taché de brun rouge à la base. Cette coloration s'étend sur tout le dernier tour. Ainsi que nous l'avons déjà dit, l'Helix jaspidea habite la Sardaigne et la Corse, notamment à Bonifacio, la Trinité (Blauner, Requien, Corte (E. Raymond), Bastia (Paul Mabille). Dans cette dernière localité, l'espèce, un peu modifiée, constitue notre variété marmorellata.

L'espèce dont nous venons de donner la description à déjà été plusieurs fois mentionnée par les auteurs qui ont étudié la faune européenne : figurée d'abord, par Rossmässler en 1836 sous les appellations d'*Helix serpentina varietas* (1) et d'Helix *serpentina varietas marmoratæ affinis* (2), d'après des individus provenant de la Sardaigne, elle fut recueillie peu après en Corse, par Blauner et par Requien, notamment aux environs de Bonifacio, et surtout à l'ermitage de la Trinité (3).

En 1867, en étudiant les espèces du groupe du Serpentina, nous fûmes tellement frappé des caractères de cette prétendue variété, que nous n'hésitâmes pas à l'ériger en espèce sous le nom d'Helix jaspidea (4). Voici, en effet, ce que nous en disions à cette époque : « Ce « dernier auteur (Moquin-Tandon) réunit, sous l'appella- « tion de *serpentina* les *Helix hospitans* et *Magnettii ;* en « outre, sa variété *jaspidea* nous semble constituer une « espèce fort distincte, à laquelle on pourra conserver ce « nom, *Helix jaspidea.* » Et, plus loin, « ... la figure 240 « (de l'Iconographie de Rossmässler) représente l'*Helix* « *hospitans, la figure* 241 *cette Helix jaspidea* (5). »

L'année dernière, un entomologiste distingué, M. E. Raymond, recueillit la *jaspidea* dans les environs de Corte.

Quelques exemplaires nous en furent adressés, et les autres remis à M. O. Debeaux, qui nous écrivit à ce sujet, nous demandant si elle faisait partie des espèces dont nous venions de donner la description dans notre étude sur le groupe de l'*Helix serpentina.*

(1) *Rosmässler*, *Icon.*, IV, p. 26, f. 241, 1836.

(2) *Ibid.*, p. 26, f. 242, 1836.

(3) Quoi qu'en pense M. Debeaux, suivant lequel cette espèce n'existerait qu'à Corte, nous la possédons encore de Bastia.

(4) *Archives mal.*, I, fasc. II, p. 19, 1er décembre 1867.

(5) *Archives mal.*, loc. cit.

Informé par nous que la coquille en question n'était autre que l'*Helix jaspidea*, M. Debeaux nous répondait, à la date du 4 *septembre* 1868 :

« . . . .

« N° 6. *Helix jaspidea*. N'a été trouvée, jusqu'à présent,
« qu'à Corte, en Corse. Je ne crois pas que ni Moquin ni
« Rossmässler aient connu l'espèce de Corse (1) ; aussi,
« après avoir comparé et étudié les animaux de l'*Helix*
« *serpentina* de Bastia, et ceux de l'Helix de Corte, ani-
« maux bien différents, j'ai proposé à M. Crosse de lui
« donner le nom d'*Helix Cortinensis*, qui indique la loca-
« lité, en Corse, d'une coquille peu connue. J'attends la
« réponse de M. Crosse à ce sujet.

« J'ajoute que j'ai eu vivants les *Helix serpentina*, de
« Bastia (c'est une variété minor) (2) ; l'*Helix Caræ* de
« Porto Vecchio (3) ; l'*Helix Magnettii* de Bonifacio, et
« l'*Helix jaspidea* de Corte. Les animaux sont tous dis-
« semblables, ce qui implique des espèces différentes. »

M. Debeaux n'ignorait donc pas que l'Hélice de Corte était nommée; aussi grand a été notre étonnement en voyant tout récemment décrite, dans le *Journal de Conchyliologie* (4), sous le nom d'*Helix Cenestiniensis*, Crosse et Debeaux, l'*Helix jaspidea*. Sans vouloir rechercher les raisons qui ont pu engager M. Debeaux à décrire une seconde fois cette espèce, nous déplorerons sincèrement la voie antiscientifique suivie par la presque totalité des au-

(1) Par ce que nous avons dit plus haut, il est facile de voir combien, à cette époque, l'auteur connaissait peu l'espèce en question, puisque, loin de vivre seulement à Corte, la jaspidea vit en Sardaigne et dans d'autres points de la Corse.

(2) Non. C'est une espèce différente. Nous croyons même que le serpentina tel que le décrit Férussac n'existe pas en Corse.

(3) C'est *Helix hospitans*, Bonelli *in* Rossmässler, 1836; le vocable Caræ, édité seulement en 1811, doit passer en synonymie.

(4) 3e série, tome IX, vol. XVII, p. 53, février 1869.

teurs de l'ancienne école malacologique. Ces auteurs, en effet, se contentent, presque toujours, d'à peu près; les travaux de leurs devanciers ne sont nullement étudiés par eux ; souvent même ils ne se donnent pas la peine de les lire, et, tout en se plaignant hautement du grand nombre d'espèces publiées, eux, pour qui la science malacologique semble n'avoir d'autre but que la découverte et la description d'espèces nouvelles (1) ; — tout en demandant que ce nombre trop grand d'espèces soit restreint dans ce qu'ils nomment une juste mesure, ne cessent eux-mêmes de décrire des formes prétendues nouvelles, sans s'inquiéter si elles ont déjà été nommées ou non. Est-ce ainsi que la malacologie doit être comprise? et peut-on sérieusement donner le nom de science à des travaux faits de cette manière ? Agir ainsi, n'est-ce pas embrouiller, non

(1) La preuve que, pour les auteurs de l'école ancienne, la science malacologique n'a pas de but ne ressort-elle pas évidemment des paroles suivantes de l'un de ces auteurs : « Lorsque l'utilité d'une science n'est pas évidente, chacun a le droit de demander quel est son but? « L'étude des mollusques, en la restreignant au cadre étroit que je me suis tracé, se trouve précisément dans ces conditions. Je ne dirai pas, pour justifier l'emploi de mes loisirs, que des hommes éminents en ont fait l'objet des méditations de toute leur vie........ .... Mais je dirai simplement que l'étude des relations qui existent entre ces êtres et le milieu qu'ils habitent, et l'examen de leurs rapports entre eux, rapport généralement exprimé par le corps protecteur, offrent une série de problèmes qui ne sont pas dépourvus d'un certain intérêt philosophique.

Voilà donc le but de la science pour l'école ancienne ! Peut-on mieux avouer qu'elle n'en a aucun ! mieux reconnaître qu'elle n'est qu'un amusement, un jouet indigne de fixer l'attention des hommes sérieux ! Et pourtant, lorsqu'elle est bien comprise, la malacologie est l'une des sciences les plus fécondes en résultats. Appliquée à l'étude de la géologie, tant des terrains anciens que des terrains contemporains, à l'étude des questions anté-historiques, cette science, que l'on dit sans but, est appelée à éclairer d'un jour tout nouveau une série de problèmes jusqu'ici fort obscurs. Nous aurons, du reste, à revenir sur ces questions intéressantes.

la science, ce qui est impossible, mais les questions de synonymies et de nomenclature, questions qui, sans être la science elle-même, en constituent une partie importante, car de leur bonne et saine interprétation dépend souvent la solution de questions fondamentales? Une preuve de ce que nous venons d'avancer vient encore de nous être fournie par M. O. Debeaux. Nous trouvons décrite à la page 51 du 1er numéro de l'année 1869 du *Journal de Conchyliologie*, comme entièrement inédite, sous le nom d'*Helix insularis*, Crosse et Debeaux (1), une coquille à laquelle, en 1867, M. G. Dutailly a attribué le nom d'*Helix Brocardiana*. La description de cette Brocardiana contenue d'abord à la page 2 d'une brochure intitulée : *Descriptions de quelques espèces nouvelles du groupe de l'Helix Raspaili*, parue le 1er février 1867, a été reproduite dans la *Revue et Magasin de zoologie* en mars 1867. Pas plus pour cette dernière espèce que pour la jaspidea, M. Debeaux n'a tenu compte des travaux antérieurs aux siens ; aussi, en présence d'une connaissance aussi imparfaite, on peut le dire, de l'état de la science, devant une critique aussi superficielle, ne peut-on pas, comme ces conchyliologues, dire avec juste raison : « que l'auteur est tombé « dans le travers de quelques naturalistes modernes, qui, « en exagérant, de parti pris, la valeur des caractères, et « en multipliant, systématiquement et en dehors de toute « mesure, le nombre des espèces, semblent n'avoir pour « but que de fournir aux doctrines de Darwin les argu- « ments qui leur manquent, et de plonger la nomenclature « dans un chaos irrémédiable ? »

Pour nous l'*Helix jaspidea* appartient au groupe de

(1) *Helix insularis*, Crosse et Debeaux, *Journal conch.*, 3e série, tome IX, vol. XVII, p. 51, pl. II, fig. 3, février 1869.

l'*Helix serpentina*. Sa synonymie doit être établie de la manière suivante :

Helix serpentina varietas, *Roosmässler*, Iconographie der land und sussw. Moll. IV heft, p. 9 et 26, f. 241, 1836.

Helix serpentina varietas marmoratæ affinis, *Rossmässler*, loc. cit., p. 26, f. 242, 1836.

Helix serpentina varietas jaspidea, *Moquin-Tandon*, Hist. Moll. France, II, p. 145, 1855.

Helix jaspidea, *J. Mabille*, Archives mal., I, fasc. II, p. 19, 1er décembre 1867.

Helix Cenestiniensis, *Crosse* et *Debeaux*, in Journ. Conch., t. XVII, p. 51, pl. II, fig. 3. Février 1869.

Les espèces de ce groupe, jusqu'ici authentiquement constatées en Corse et en Sardaigne, sont les suivantes :

Helix Magnettii, *Cantraine*, Mal. méd. et litt., p. , 1840.

Espèce de la Sardaigne, de la Corse et de la France.

Helix Isilensis, *Villa*, in J. Mabille, Arch. mal., I, fasc. II, p. , 1867.

Espèce de la Sardaigne et de la Corse méridionale.

Helix halmyris, dont nous donnons ci-dessus la description.

Espèce du nord de la Corse.

Helix jaspidea. Espèce dont nous venons de donner la description.

Cette coquille habite la Sardaigne et la Corse, à Bonifacio, Notre-Dame de la Trinité, Olmeto près de Corte, et Bastia.

Helix hospitans, *Bonelli,* in Rossmässler, Icon. IV, f. 240.

Espèce de la Corse et de la Sardaigne.

Telles sont, à notre connaissance, les espèces de ce groupe jusqu'ici authentiquement constatées en Corse.

PARIS. — IMPRIMERIE DE Mme Ve BOUCHARD-HUZARD, RUE DE L'ÉPERON, 5.

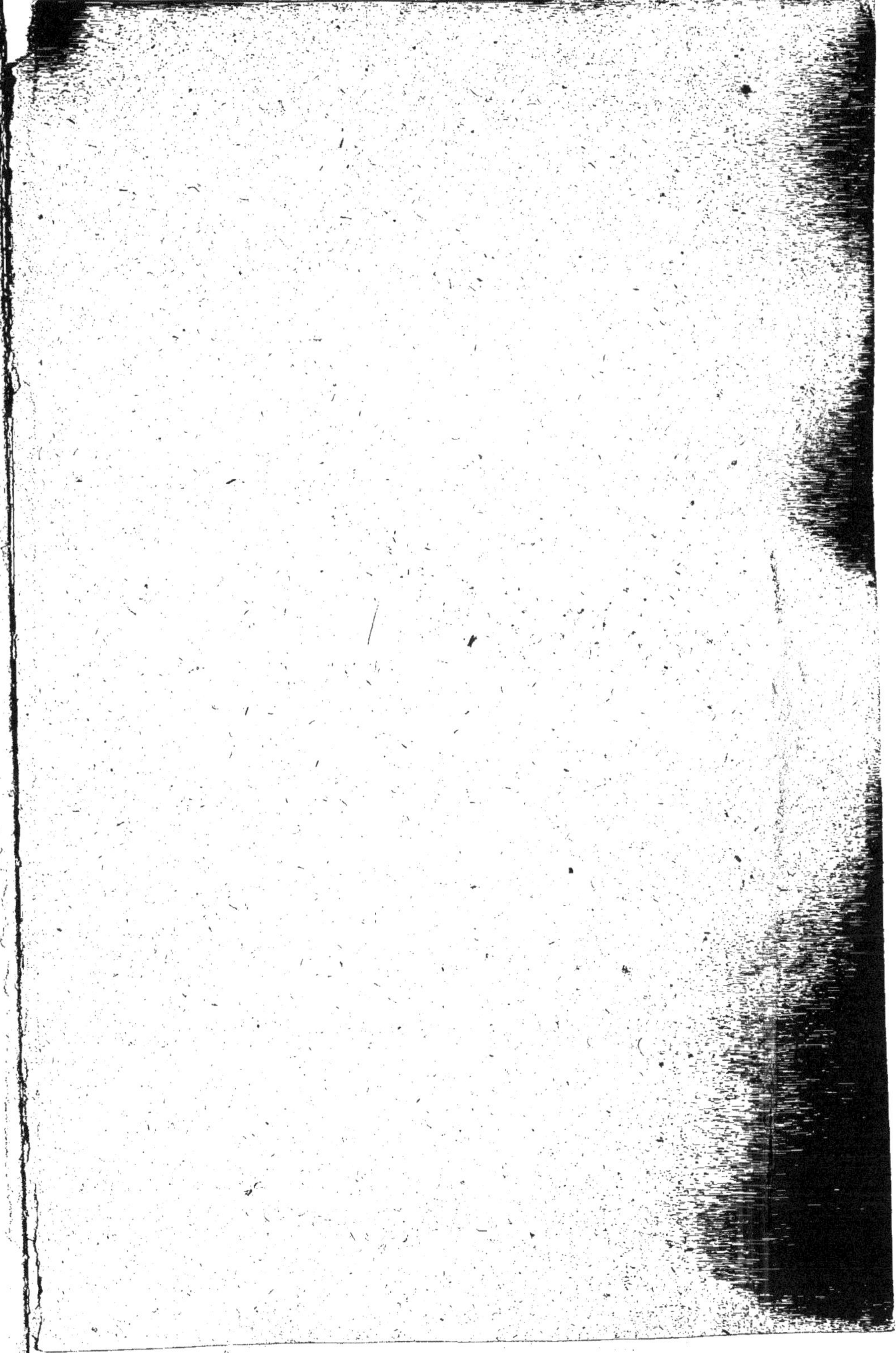

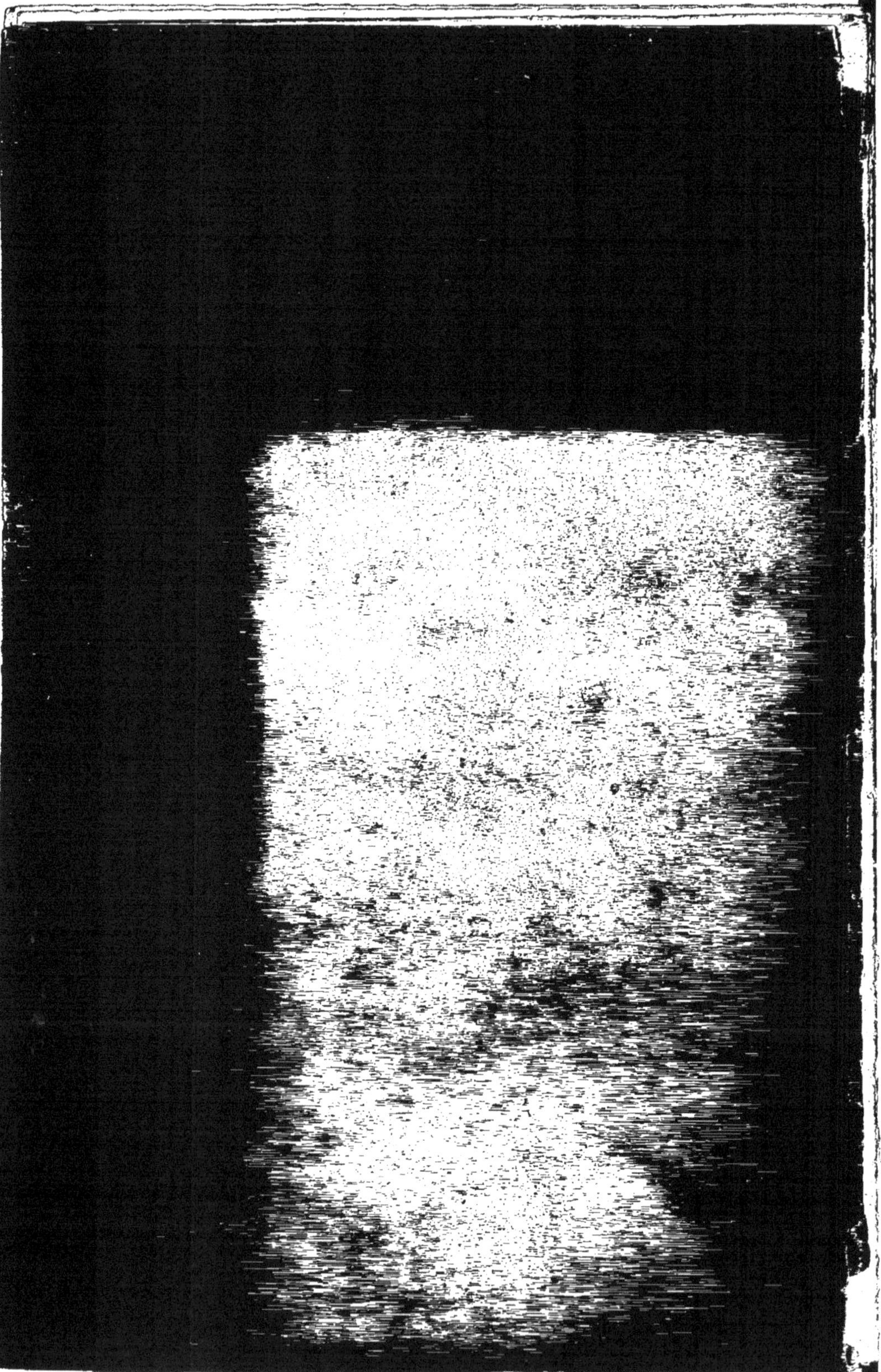

www.ingramcontent.com/pod-product-compliance
Ingram Content Group UK Ltd.
Pitfield, Milton Keynes, MK11 3LW, UK
UKHW021005200726
13857UKWH00004B/1284

9 782011 927736